环保公益性行业科研专项经费项目系列丛书

危险废物豁免管理技术

黄启飞 主 编

杨玉飞 王 琪 副主编

中国环境出版社·北京

图书在版编目（CIP）数据

危险废物豁免管理技术 / 黄启飞主编. -- 北京：
中国环境出版社，2012.7（2013.2重印）
（环保公益性行业科研专项经费项目系列丛书）
ISBN 978-7-5111-1001-5

Ⅰ. ①危… Ⅱ. ①黄… Ⅲ. ①危险物品管理－废物管理－研究 Ⅳ. ①X7

中国版本图书馆CIP数据核字(2013)第024480号

出 版 人	王新程	
策划编辑	丁莞歆	
责任编辑	黄 颖	
责任校对	尹 芳	
装帧设计	马 晓	

出版发行 中国环境出版社
（100062 北京东城区广渠门内大街16号）
网　　址：http://www.cesp.com.cn
电子邮箱：bjgl@cesp.com.cn
联系电话：010-67112765（编辑管理部）
　　　　　010-67175507（科技标准图书出版中心）
发行热线：010-67125803，010-67113405（传真）

印　　刷	北京市联华印刷厂
经　　销	各地新华书店
版　　次	2013年2月第一版
印　　次	2013年2月第二次印刷
开　　本	787×1092　1 / 16
印　　张	7
字　　数	152千字
定　　价	19.00元

《环保公益性行业科研专项经费项目系列丛书》
编委会

总　序

　　我国作为一个发展中的人口大国，资源环境问题是长期制约经济社会可持续发展的重大问题。党中央、国务院高度重视环境保护工作，提出了建设生态文明、建设资源节约型与环境友好型社会、推进环境保护历史性转变、让江河湖泊休养生息、节能减排是转方式调结构的重要抓手、环境保护是重大民生问题、探索中国环保新道路等一系列新理念新举措。在科学发展观的指导下，"十一五"环境保护工作成效显著，在经济增长超过预期的情况下，主要污染物减排任务超额完成，环境质量持续改善。

　　随着当前经济的高速增长，资源环境约束进一步强化，环境保护正处于负重爬坡的艰难阶段。治污减排的压力有增无减，环境质量改善的压力不断加大，防范环境风险的压力持续增加，确保核与辐射安全的压力继续加大，应对全球环境问题的压力急剧加大。要破解发展经济与保护环境的难点，解决影响可持续发展和群众健康的突出环境问题，确保环保工作不断上台阶出亮点，必须充分依靠科技创新和科技进步，构建强大坚实的科技支撑体系。

　　2006 年，我国发布了《国家中长期科学和技术发展规划纲要（2006—2020年）》（以下简称《规划纲要》），提出了建设创新型国家战略，科技事业进入了发展的快车道，环保科技也迎来了蓬勃发展的春天。为适应环境保护历史性转变和创新型国家建设的要求，原国家环境保护总局于 2006 年召开了第一次全国环保科技大会，出台了《关于增强环境科技创新能力的若干意见》，确立了科技兴环保战略，建设了环境科技创新体系、环境标准体系、环境技术管理体系三大工程。五年来，在广大环境科技工作者的努力下，水体污染控制与治理科技重大专项启动实施，科技投入持续增加，科技创新能力显著增强；发布了 502项新标准，现行国家标准达 1 263 项，环境标准体系建设实现了跨越式发展；完成了 100 余项环保技术文件的制修订工作，初步建成以重点行业污染防治技术政策、技术指南和工程技术规范为主要内容的国家环境技术管理体系。环境科技为全面完成"十一五"环保规划的各项任务起到了重要的引领和支撑作用。

为优化中央财政科技投入结构，支持市场机制不能有效配置资源的社会公益研究活动，"十一五"期间国家设立了公益性行业科研专项经费。根据财政部、科技部的总体部署，环保公益性行业科研专项紧密围绕《规划纲要》和《国家环境保护"十一五"科技发展规划》确定的重点领域和优先主题，立足环境管理中的科技需求，积极开展应急性、培育性、基础性科学研究。"十一五"期间，环境保护部组织实施了公益性行业科研专项项目 234 项，涉及大气、水、生态、土壤、固废、核与辐射等领域，共有包括中央级科研院所、高等院校、地方环保科研单位和企业等几百家单位参与，逐步形成了优势互补、团结协作、良性竞争、共同发展的环保科技"统一战线"。目前，专项取得了重要研究成果，提出了一系列控制污染和改善环境质量技术方案，形成一批环境监测预警和监督管理技术体系，研发出一批与生态环境保护、国际履约、核与辐射安全相关的关键技术，提出了一系列环境标准、指南和技术规范建议，为解决我国环境保护和环境管理中急需的成套技术和政策制定提供了重要的科技支撑。

为广泛共享"十一五"期间环保公益性行业科研专项项目研究成果，及时总结项目组织管理经验，环境保护部科技标准司组织出版"十一五"环保公益性行业科研专项经费项目系列丛书。该丛书汇集了一批专项研究的代表性成果，具有较强的学术性和实用性，可以说是环境领域不可多得的资料文献。丛书的组织出版，在科技管理上也是一次很好的尝试，我们希望通过这一尝试，能够进一步活跃环保科技的学术氛围，促进科技成果的转化与应用，为探索中国环保新道路提供有力的科技支撑。

中华人民共和国环境保护部副部长

吴晓青

2011 年 10 月

前　言

　　危险废物管理是固体废物环境管理的重点，世界各国普遍对危险废物采取严格管理的制度。我国危险废物产生量大，种类特性极其复杂，建立适合我国国情的管理体系和技术支持体系，对于减少危险废物管理过程中环境风险、保护我国生态环境和人民身体健康具有十分重要的意义。

　　危险废物的性质、进入环境的数量和方式以及所进入的环境条件不同，其最终的影响或后果也不一样，环境风险大的危险废物具有实行优先控制的需求，而产生量小、分散、风险小的危险废物则可以采用豁免管理的方式进行管理。发达国家的管理经验表明，危险废物豁免管理是加强危险废物管理的创新制度，可以有效减少危险废物管理过程中的总体环境风险。

　　我国危险废物环境风险管理和危险废物豁免理论和实践的研究还处于非常初级的阶段，远未达到有效应用的阶段。尚缺乏危险废物的环境风险评估与豁免（排除）标准，也没有建立完善的危险废物豁免（排除）体系。虽然有些地方管理部门认识到实施危险废物优先管理的重要性，但是由于缺乏必要的基础研究和方法学支持，在制定相关的法规、标准时往往缺乏针对性和可行性。

　　依托环保公益性行业科研专项经费项目"危险废物环境风险（豁免）控制技术研究"，作者系统论述了我国危险废物的产生特点，运用危险废物环境风险评价技术方法识别了危险废物豁免管理的关键控制环节，最后提出了电镀污泥、染料涂料废物和废矿物油小量豁免标准，初步构建了我国危险废物豁免管理技术体系。为我国危险废物豁免管理做出了有益的探索。

目　录

第 1 章   我国危险废物产生与管理现状

1.1 我国危险废物产生现状

危险废物的来源非常广泛，不仅包括工业生产活动，而且包括家庭生活、商业、办公、学校等科研机构、医院等医疗机构以及农业生产活动等。工业危险废物主要来源于工业生产活动，是危险废物的主要来源。从根本上讲，农业以及其他行业产生的危险废物也基本上都是工业生产出来的产品经过使用之后产生的，工业生产是危险废物的真正源头。

1.1.1 工业危险废物的产生特点

（1）工业危险废物产生量

我国 2000—2007 年工业危险废物年产生量统计见表 1-1。

表 1-1   2000—2007 年我国工业危险废物产生量变化[①]

	2000 年	2001 年	2002 年	2003 年	2004 年	2005 年	2006 年	2007 年
危险废物产生量/万 t	830	952	1 000	1 171	995	1 156	1 084	1 079.0
危险废物占工业固废的百分比/%	1.02	1.07	1.06	1.17	0.92	0.93	0.72	0.61

由表 1-1 可知，我国危险废物产生量自 2000 年后逐年递增，到 2003 年达到最大值，2003 年后，危险废物的产量在 1 100 万 t 左右，并基本保持不变。2000—2003 年危险废物产生量占工业固体废物产生量的比例在 1.0%~1.5%，而 2004—2007 年危险废物产生量占工业固体废物产生量的比例在 0.6%~1.0%。

（2）工业危险废物产生的行业分布

工业生产过程中所产生的危险废物主要是产品制造过程中的副产物。在工业各部门中危险废物的产生量并不是均匀分布的，产生量较大的工业部门包括化工业、电子工业、石油炼制工业以及原生金属工业等。

由表 1-2 可以看出，我国产生工业危险废物产生量排名前十位行业是化学原料及化学制品制造业，有色金属矿采选业，石油加工、炼焦及核燃料加工业，有色金属冶炼及压延加工业，非金属矿采选业，黑色金属冶炼及压延加工业，通信计算机及其他电子设备制造业，电力、热力的生产和供应业，医药制造业，化学纤维制造业。这些行业的危险废物产

---

① 数据来源：中国统计年鉴。

量都大于 20 万 t/a，年产量占总年产量的 87.4%。说明这些工业行业是我国危险废物的重点产生行业，也是危险废物重点管理的对象。

我国正在大力发展高新技术，高新技术企业的产业范围包括电子与信息技术、生物工程和新医药技术、新材料及应用技术、先进制造技术、航空航天技术、现代农业技术、新能源与高效节能技术、环境保护新技术、海洋工程技术、核应用技术、传统产业改造中应用的新技术新工艺等。可以预见，今后随着产业结构的不断调整，高新技术产业的危险废物产生量会有增加的趋势。

表 1-2　工业危险废物产生行业统计① 　　　　　　　　　　单位：万 t

行业	危险废物年产量				
	2004 年	2005 年	2006 年	2007 年	年平均值
化学原料及化学制品制造业	389.25	443.50	350.10	254.59	359.36
有色金属矿采选业	263.88	222.05	155.51	78.31	179.94
石油加工、炼焦及核燃料加工业	59.22	74.79	90.53	87.47	78.00
有色金属冶炼及压延加工业	51.70	70.33	89.83	83.10	73.74
非金属矿采选业	61.63	76.33	75.21	11.34	56.13
黑色金属冶炼及压延加工业	24.52	31.81	45.75	46.55	37.16
通信计算机及其他电子设备制造业	16.33	18.07	34.08	46.52	28.75
电力、热力的生产和供应业	2.46	67.62	21.23	21.60	28.23
其他行业	7.23	20.69	68.34	12.32	27.14
医药制造业	19.96	20.97	24.20	36.33	25.36
化学纤维制造业	14.46	27.73	26.13	12.41	20.18
石油和天然气开采业	17.34	19.11	10.09	11.16	14.43
金属制品业	9.13	9.87	13.45	24.76	14.30
纺织业	10.20	15.22	9.70	21.03	14.04
仪器仪表及文化办公用机械制造业	9.42	4.03	8.44	17.64	9.88
交通运输设备制造业	10.19	7.75	8.28	10.84	9.26
造纸及纸制品业	11.06	6.29	8.27	9.56	8.80
通用设备制造业	3.69	7.78	5.61	7.09	6.04
电气机械及器材制造业	3.86	3.53	5.99	7.57	5.24
煤炭开采和洗选业	0.05	0.08	18.29	1.56	4.99
皮革毛皮羽毛（绒）及其制造业	3.43	3.29	3.88	4.06	3.67
非金属矿物制品业	1.50	2.83	2.67	2.64	2.41
专用设备制造业	1.46	2.40	2.14	2.63	2.16
纺织服装、鞋、帽制造业	0.56	0.93	1.80	2.88	1.54
塑料制品业	0.70	0.36	0.80	1.41	0.81
黑色金属矿采选业	0.00	—	2.01	0.01	0.50
印刷业和记录媒介的复制	0.39	0.45	0.45	0.69	0.49
工艺品及其他制造业	0.22	0.34	0.45	0.50	0.38
橡胶制品业	0.08	0.30	0.38	0.53	0.32
食品制造业	0.14	0.35	0.31	0.46	0.32

---

① 数据来源：中国统计年鉴。

行业	危险废物年产量				
	2004 年	2005 年	2006 年	2007 年	年平均值
文教体育用品制造业	0.05	0.27	0.27	0.32	0.23
燃气生产和供应业	0.15	0.15	0.20	0.17	0.17
家具制造业	0.24	0.28	0.05	0.10	0.17
废弃资源和废旧材料回收加工业	0.24	0.09	0.15	0.09	0.14
水的生产和供应业	0.04	0.13	0.05	0.33	0.14
木材加工及木竹藤棕草	0.32	0.14	0.02	0.01	0.12
其他采矿业	0.02	—	0.00	0.26	0.07
农副食品加工业	0.10	0.02	0.01	0.06	0.05
饮料制造业	0.02	0.01	0.01	0.01	0.01
烟草制品业	0.00	0	0.03	0	0.01
总计	995.24	1 159.89	1 084.73	818.92	1 014.7

1.1.2 其他行业产生的危险废物

第三产业泛指除农业、工业之外的行业的统称，包括商业、交通运输业、医疗服务业、教育、科学研究、旅游业、环境保护等。

（1）医疗废物

医疗服务产生的危险废物主要是具有传染性、感染性的医疗废物。2006 年，我国共调查县及县以上医院 10 332 家，涉及 206 万张床位。医疗废物产生量约为 50 万 t。

（2）商业部门产生的危险废物

商业部门一般属于危险废物产生量较少或很小的来源，包括洗衣店（干洗店）、车辆维修与保养场所、加油站、照相冲印店、药店、油漆店等。

（3）教育、科研机构产生的危险废物

中学、大中专学校、科研机构的试验在使用化学品过程中也会产生一定数量的危险废物，如废酸、废碱、化学试剂容器等。

（4）环保产业产生的危险废物

环境保护产业在防治污染的过程中也会产生某些危险废物，例如城市生活垃圾焚烧炉和余热锅炉产生的焚烧飞灰，由于含有二噁英类（PCDDs、PCDFs），按照危险废物进行管理。

（5）家庭源危险废物

家庭危险废物（Household Hazardous Waste，HHW）指家庭产生的危险废物，这些废物含有腐蚀性、毒性、易燃性、反应性成分，种类繁多，成分复杂。按照 HHW 的不同性质，对照《国家危险废物名录》关于危险废物的分类方法，将家庭危险废物分成 9 大类：①洗涤用品类废物；②洗护用品、化妆品类废物；③废旧电池类废物；④小件电子设备废物；⑤其他生活用品废物；⑥装修时所产生的废物；⑦废矿物油类；⑧强酸、强碱类废物；⑨家用其他化学品类废物。

由于其产生源分布广泛、产生量小，HHW 不可能采用申报登记、转移联单等管理措施，许多国家都从危险废物法规中豁免，主要混入生活垃圾进入生活垃圾填埋场。根据在生活垃圾填埋场开展的调查统计,家庭产生的危险废物约占垃圾总量的 0.25%,但家庭危险废物在垃圾场的填埋垃圾中仅占 0.046 5%,这是由于一部分有回收利用价值的电子废物已被拾荒者分捡。在垃圾填埋场的家庭危险废物中各种包装物在数量上占大半,偶尔出现的废旧电器元件。碱性电池、打火机等家庭常用的物品也只是在垃圾场的样品中偶然出现,并在数量上只占总量的 10%左右。在垃圾场的垃圾样品中,过期药品、化妆品、磁带、温度计等危险废物数量较少,在数量和质量上也只占很小的一部分。

我国正处于经济的快速转型时期,随着人民生活水平的巨大变化,HHW 的种类、数量也在改变。各类小型电子设备、灯管、磁带等危险废物在各家庭中都有很高的保有量,其产生量在整个家庭危险废物中占较大比例。

1.2 危险废物管理中污染控制关键环节初步识别

危险废物之所以能对人类和环境产生危害,除了废物自身的危害性之外,必要的条件就是暴露于环境中与人体接触。危险废物暴露于环境中并与人体接触的途径主要产生在危险废物的贮存、运输、处理处置等环节。

1.2.1 贮存环节环境污染风险识别

调查情况表明,相当比例的企业在危险废物包装、贮存场所封闭状况、防渗设施设置等方面存在一定问题。开放式贮存条件下,降雨时危险废物中有害物质会溶入雨水中形成渗滤液。若堆存场所无防渗设施,渗滤液会迁移至地下水层,污染地下水,进而通过饮水途径危害人体健康(图 1-1)。在这种暴露途径中,危险废物中污染物的释放量(用浸出量表征)、污染物在土壤饱和层及不饱和层的迁移转化是影响污染风险的两个关键因素。由于污染物在土壤饱和层及不饱和层的迁移转化是不可控过程,因此,控制贮存环节的污染风险关键在于控制废物中污染物的释放过程。

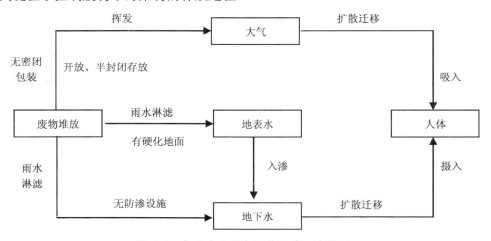

图 1-1　危险废物贮存环节环境污染识别

在非密闭贮存方式中,危险废物未进行包装,或没有进行密闭包装(液态废物,如废溶剂、废矿物油),废物中可挥发性有机污染物挥发进入空气,人体长时间暴露于该环境下，其健康会受到危害（图 1-1）。在这种暴露途径中，风向与风力是不可控因素，废物中有机污染物的挥发释放速率是影响污染风险大小的主要因素，因此，通过规范废物包装、改善贮存条件是控制其污染风险的主要措施。

调查结果表明，危险废物一般含水量较高，且降雨也会维持废物的湿度，因此，因风蚀产生颗粒物扩散污染对人体健康危害较小，不作为重点研究。

1.2.2　运输环节环境污染风险识别

调研结果显示，危险废物的运输环节管理比较规范，产生的风险较小，但运输过程中普遍会途经环境敏感点。当途经环境敏感点（河流、湖泊等）时发生事故，运输的废物有倾泻污染水源的风险。因此，降低交通事故率、提高风险防范意识、做好事故应急预案是控制运输环节环境污染的主要措施。

1.2.3　处置环节环境污染风险识别

调研中发现，我国危险废物主要处置方式是安全填埋（主要针对无机废物）、焚烧（主要针对有机废物）。焚烧过程要符合国家相关排放标准，对人体造成的环境风险应可控。但填埋过程造成的风险较大。我国目前缺乏对于危险废物填埋场运行管理方面的统计数据，同时，危险废物豁免管理之后，一般将进入生活垃圾填埋场进行最终处置，因此，对填埋处置环节存在的污染风险做如下分析：

据不完全统计，我国生活垃圾填埋场采用黏土、HDPE 或者黏土和 HDPE 复合水平防渗结构的填埋场占 69%，其中以黏土为主要防渗措施的占 16.4%，有 31% 的填埋场未设置防渗设施。对 HDPE 膜上下基层采取了保护措施的仅占 50%。同时采用帷幕灌溉和水平防渗的仅占 7.3%。可见，我国填埋场在防渗结构和防渗设施污染控制方面仍然存在差距，由于我国填埋场目前污染控制方面存在的问题容易导致地下水污染。

提高填埋场的防渗水平、减小危险废物进入生活垃圾填埋场的数量是控制填埋处置污染的关键环节。

第2章　危险废物风险评价技术方法

　　危险废物是环境管理的重点，世界各国对危险废物均采取了严格的管理措施。但是，由于危险废物的种类繁多，性质复杂，处置方式和废物特性各有不同，不同的危险废物或同一种危险废物暴露于不同的环境中，所产生风险通常会有较大差异。环境风险评价是定量评估暴露于环境中的危险源对人体健康及生态系统所造成可能损失的有效手段。因此，为准确把握不同危险废物在各种暴露方式下对环境所造成的风险，必须对危险废物的危害鉴别方法、剂量-反应关系和暴露的评估技术、环境风险表征手段等进行系统研究。此外，部分危险废物在其资源化过程中还会对生产安全产生风险，例如，废酸废碱类废物常作为化工生产的替代原料被综合利用，其对生产系统安全产生影响。因此，为了对危险废物进行科学的管理，首先应建立危险废物风险评价技术方法体系。

2.1　环境风险评价一般方法

　　环境风险评价是风险评价的一种。环境风险评价是指对人类的各种社会经济活动所引发或面临的危害对人体健康、社会经济、生态系统等所造成的可能损失进行评估，并据此进行管理和决策的过程。广义上包括自然灾害、建设项目和有毒有害物质的风险评价，狭义上常指对有毒有害物质危害人体健康和生态系统的影响程度进行概率估计，并提出减小环境风险的方案和对策。环境风险评价的目的是为风险管理提供依据，为风险管理提出指导性意见。风险管理依据环境风险评价的结果制定预防措施和应急措施。

　　环境风险评价兴起于 20 世纪 70 年代工业发达国家，尤以美国的研究成果突出。美国国家科学院（NAS，1988）提出风险评价由四个部分组成，称为风险评价"四步法"，即危险评价、暴露评价、剂量-反应关系和风险表征，并对各部分作了明确的定义。由此，风险评价的基本框架已经形成，并被世界各国广泛应用。作为一种分析方法，环境风险评价在较早确定的环境影响评价制度中得以应用，由于环境影响评价主要针对政策、规划和建设项目，它们的源项不确定性很小，往往通过确定论的方法来评价其对人体健康和生态安全的影响及预防性措施的可行性，较少运用概率方法。

2.1.1　环境风险评价类型

　　环境风险评价主要围绕着健康风险评价和生态风险评价展开。在环境风险评价中，对人体健康危害的评价的研究已比较成熟，其基本框架已形成；而生态风险评价正处于总结和完善阶段，还有许多问题有待研究，这主要体现在以下两个方面：评价终点的选择和生态暴露评价。目前，虽然国外环境风险评价的趋势其研究热点已从对人体健康危害的评价转移到生态风险的评价，但我国对于生态风险评价的研究仍比较缓慢，还只是从对水环境生态风险评价和区域生态风险评价等领域的基础理论和技术方法进行了探讨，生态风险评价的研究领域还很狭窄，有关的技术方法还不成熟，生态毒理学方面的基础研究和资料还需要不断补充和加强。

（1）人体健康风险评价

人体健康风险评价描述的是人体暴露于环境危害因素之后出现的不良健康效应，如致癌性和生理毒性等。目前毒性风险评价大多采用美国国家环保局（USEPA）的人体健康风险评价方法。

USEPA 先后颁布了一系列人体健康风险评价指南和技术导则。1986 年，USEPA 发布了《致癌风险评价指南》（2005 年做了修订补充）、《致畸风险评价指南》、《化学混合物健康风险评价指南》、《致突变风险评价指南》、《暴露风险评价指南》、《可疑发育毒物健康评价指南》；1988 年，颁布了《内吸毒物（A systemic toxicant is one that affects the entire body or many organs rather than a specific site）的健康评价导则》、《男女生殖毒物风险评价指南》；1991 年，发布了《发育毒物健康风险评价导则》；1992 年发布新版《暴露评价导则》并于 1997 年又做了修订和补充，同时发布了《暴露因素手册》。1996 年发布了《生殖毒性风险评价指南》取代了 1988 年发布的《男女生殖毒物风险评价指南》。1998 年发布了《神经毒物风险评价导则》。2000 年发布了《化学混合物健康风险评价补充导则》，同年又发布了《风险表征手册》。2005 年发布了《不同年龄组和童年暴露于环境污染物的监测与评价导则》。同年，发布了《早期的致癌物暴露的易感性评价补充导则》。2006 年 9 月颁布了《儿童环境暴露健康风险评价框架》。

目前，我国学者对人体健康风险评价开展了较多研究。高继军等对北京市城区和郊区120 个样点的饮用水中的 Cu、Hg、Cd 和 As 的污染水平进行了调查，初步评价了由饮用水水质引起的人体健康风险。韩冰等根据北京市某区浅层地下水有机污染调查结果，评价了由饮水和洗浴带来的人群健康风险。陈鸿汉和谌宏伟等对污染场地健康风险评价的理论和方法进行了探讨，提出了叠加风险和同种污染物多暴露途径人群健康风险的概念，并以某厂有机溶剂洒落导致的土壤和地下水污染为例，综合评价厂区人群由于皮肤接触与呼吸摄入及其厂区下游居民饮水的非致癌风险，是针对具体污染场地开展的较为完整的健康风险评价。康天放等对华北某非规范填埋场附近水井中六价铬、氟化物、挥发酚、亚硝酸盐氮等非致癌物进行测定，并进行了人体健康的致癌性和毒性风险评价。研究表明，水井中六价铬的致癌性高达 7.60×10^{-4}，高于人体风险可接受值，非致癌性风险较小。张应华以苯为目标污染物，利用 MMSoils 模型模拟计算了某烯烃厂厂区土壤及地下水中苯类污染物的健康风险。晁雷等估算了某废弃冶炼厂土壤中残留重金属对人体的健康风险，并基于未来作为工业用地和休闲用地两种假设，利用 USEPA 人体健康风险评价方法反推了该冶炼厂地块的土壤修复目标值。

（2）生态风险评价

生态风险评价是指生态系统及其组分所承受的风险，指某种群、生态系统或整个景观的正常功能受外界胁迫，从而在目前和将来减少该系统内部某些要素或其本身的健康、生产力、遗传结构、经济价值和美学价值的可能性。1990 年 USEPA 风险评价专题讨论会正式提出了生态风险评价的概念，最初是探讨将 1983 年美国国家科学委员会提出的人体健康风险评价方法引入生态风险评价。经过几年的研讨、修订和完善，1998 年 USEPA 正式颁布了《生态风险评价指南》，提出生态风险评价"三步法"，即问题形成、分析和风险表征，同时要求在正式科学评价之前，首先制定一个总体规划，以明确评价目的。

生态风险评价的研究对象多为污染场地或流域。Skaare 等对北极的 POPs 杀虫剂进行了生态风险评价，认为 POPs 杀虫剂对北极熊的种群状况和健康存在较大的风险；Sydelko 等将动态信息结构系统（DIAS）用于综合风险评价，DIAS 可用于预测生态风险的范围和大小，评价在时间和经济上进行生态修复的有效性；Zandbergen 选取多个评价指标，利用 GIS 对城市流域进行了生态风险评价；Fernandez 等对有机和无机复合污染的场地进行了生态风险评价；Efroymson 等对多介质中有害空气污染物进行生态风险评价，重点评价了空气中多种污染物的暴露和效应；Naito 等利用综合水生系统模型（CASM-SUMA），评价了水生生态系统的生态风险，该模型为确定水生生态系统中化合物生态防护水平提供了基础。

我国生态风险评价应用研究也取得了一定的进展。付在毅等对辽河三角洲湿地区域进行了评价，以物种重要性指数、生物多样性指数、干扰强度和自然度作为测量生境的生态指数，以不同的生境类型划分级别作为脆弱性指数，以 GIS 为工具，对湿地区域的生态风险进行了综合评价。卢宏玮等对洞庭湖流域区域进行了生态风险评价，对各种污染物的毒性污染指数、自然灾害指数和系统本身的生态指数、生物指数、生物多样性指数、物种重要性指数和脆弱性指数进行了综合评价。石璇和杨宇等分析了天津地区土壤、水体中 POPs 的生态风险。郭平等对长春市城市土壤重金属污染的特征进行了研究，并对其潜在生态风险进行了评价。周启星等通过对城市人口疾病发病率和城镇化水平的分析，对城镇化过程的生态风险评价进行了尝试，分析了乡村城镇化过程中所引起的水污染和城镇人口密度的相关性。结果表明，地表水污染和城镇化水平呈正相关，反映了城市化过程中所遭受的生态代价与风险。马德毅等采用单因子指数法和 Hakanson 生态风险指数法，对中国主要河口沉积物污染的潜在生态风险进行了评价。

2.1.2 环境风险评价在环境管理中的应用

环境风险评价的目的是为风险管理提供依据，为风险管理提出指导性意见，风险管理依据环境风险评价的结果制订预防措施和应急措施。因此，环境风险评价已广泛应用于世界各国的环境管理中，已经成为建设项目、区域开发和政策制定的环境影响评价的重要组成部分。

1985 年世界银行环境和科学部颁布了关于控制影响厂内外人员和环境重大危害事故的导则和指南。1987 年，欧盟立法规定对有可能发生化学事故危险的工厂必须进行环境风险评价。1988 年，联合国环境规划署（UNEP）制订了阿佩尔计划（APELL），以应付那些令人难以防范而又有可能对人类造成严重危害的环境污染事故。欧盟为提高化学品的安全性，分别对已存化学物质和新物质的环境风险评价做出明确规定。某些国际组织（如 ISO）制定的职业安全管理制度，也是健康风险评价的具体应用。1999 年，USEPA 在执行以治理、修复危险废物污染场地为内容的超级基金（superfund）计划过程中，建立了风险评价的整体框架，以及危险化学品的毒性资料数据库、人体健康和生态暴露参数表。后来 USEPA 根据该模型的评价结果来决定某种工业废物是否列入"危险废物名录"，即对于列于《资源保护与回收法案》中的 C 类废物（危险废物），USEPA 通过 3MRA 风险评价模型对全美 201 个污染场地进行风险计算，以决定是否把该废物列入 D 类废物（非危险废物），并利用该评价程序计算全美各个污染场地的环境风险，为地方环境管理部门的决策提供依据。现今更多地应用于因长期（慢性）暴露于指定废物引起的潜在人类健康和生态风险的风险评价。1995 年英国环境部要求所有环境风险评价和风险管理行为必须遵循国家可持续发展战略，其创新点在于应用了"预防为主"的原则。它强调如果存在重大环境风险，即使目前的科学证据并不充分，也必须采取行动预防和减缓潜在的危害行为。

　　20 世纪 90 年代后，我国一些部门的法规和管理制度中已经明确提出风险评价的内容。1990 年，原国家环保总局下发第 057 号文，要求对重大环境污染事故隐患进行环境风险评价。90 年代以后，在我国新建或拟建的具有重大环境污染事故隐患的建设项目（如化学工业、石油工业、核电工业、医药工业等）的环境影响报告中普遍开展了环境风险评价。1993 年，原国家环保局颁布的中华人民共和国环境保护行业标准《环境影响评价技术导则（总则）》（HJ/T 2.1—1993）规定：对于风险事故，在有必要也有条件时，应进行建设项目的环境风险评价或环境风险分析。同时，该导则也指出"目前环境风险评价的方法尚不成熟，资料的收集及参数的确定尚存在诸多困难"。1997 年，原国家环保局、农业部、化工部联合发布的《关于进一步加强对农药生产单位废水排放监督管理的通知》规定：新建、扩建、改建生产农药的建设项目，必须针对生产过程中可能产生的水污染物，特别是特征污染物进行风险评价。2001 年，国家经贸委发布的《职业安全健康管理体系指导意见》和《职业安全健康管理体系审核规范》，也提出"用人单位应建立和保持危害辨识、风险评价和实施必要控制措施的程序"、"风险评价的结果应形成文件，作为建立和保持职业安全健康管理体系中各项决策的基础"。

2.2　危险废物环境风险评价框架及模型建立

　　环境风险评级框架及模型是实现风险评价的重要保障，是风险评价的技术核心。美国在危险废物环境风险评价模型构建方面取得了显著进展，建立起较为完善的危险废物环境风险评价技术体系。我国由于起步较晚，在危险废物环境风险评价的模型构建与研究方面缺乏系统完整性。目前，危险废物环境风险的暴露评价模型有地下水模型、地表水模型、食物链模型和多介质模型。由于危险废物暴露于环境中，可能通过多种途径（土壤、大气、水体和生物）危害人体健康，本课题选择多介质暴露评价模型开展危险废物环境风险评价。

2.2.1　危险废物环境风险评价框架

　　危险废物环境风险评价的合理性与可行性，是建立在对危险废物危害识别、评价区域信息的调查了解、评价技术与方法有效运用的基础上。基于此，为了体现危险废物环境风险评价的系统性、评价程序的规范性和完整性，系统和全面地把握评价过程与相应的技术要求，突出评价的层次性，进行危险废物环境风险评价时，首先要对危险废物暴露环境进行详细的资料调研，获取自然地理、气象、水文、地质和水文地质条件、危险废物管理等信息；其次需收集污染物释放、迁移和归宿的数据资料，识别污染物种类、暴露途径、风险受体和效应，选择评价终点；分析污染性质与污染程度，进行毒性评价、暴露评价与风险表征。基于如上思路，构建危险废物环境风险评价框架（图2-1）。

危险废物环境风险评价按照"四步法"可分为4个部分，即危险评价、暴露评价、剂量-反应评价和风险表征。

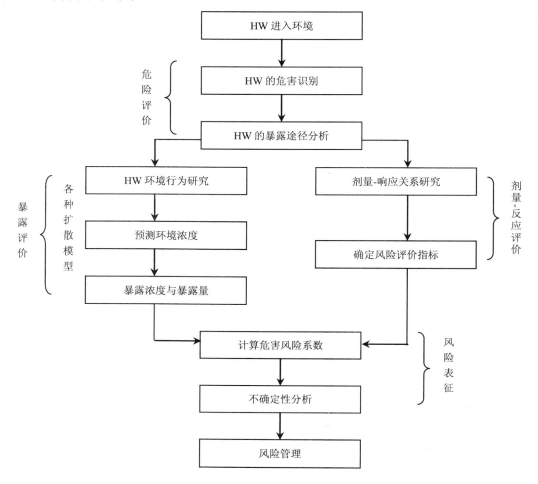

图 2-1　危险废物环境风险评价流程框架

（1）危险评价

危险评价包括危害识别及暴露途径分析，其中危害识别是确认危险废物暴露于环境中的危险特性，主要是指有毒性、腐蚀性、易燃性、爆炸性等。本研究中主要考虑危险废物暴露于环境中对人体健康的毒性风险。通过在试点城市开展的管理关键环节识别研究，暴露途径有三种：通过地下水、地表水或空气对人体健康产生危害。

（2）剂量-反应评价

剂量-反应评价是对危险废物活性方面的研究，一定剂量的有害物质作用于机体后，产生某种关键有害效应，这在剂量-反应关系评定中是至关重要的。其目的是要求得到某有害物质的剂量（浓度）与健康效应的定量关系，从而确定暴露水平与健康效应发生率的关系，找出规律，提出剂量-反应模式，以用于有害物质的风险表征。剂量-反应评价资料可来自于人群流行病学调查资料，但多数来自于动物实验资料。

毒理学和药理学实践显示，目标有害物的剂量增加，其有害反应（如发病率或严重度）也随之增加。这种反应可在以下几个实例中观察到：①可数性反应。剂量增加，出现毒性反应个体数的比例也上升；②梯度反应。剂量增加，个体毒性反应的严重度也增加；③连续反应。剂量的不同，出现反应的生物参数（体重或器官重量）发生变化。

对于致癌及致突变物质，一般认为任意剂量的暴露都会产生有害影响，不存在阈值（对个人和人群都适用）；而对于非致癌物质（如具有神经毒性、免疫毒性、发育毒性）则存在阈值，即低于某一参考剂量（RfD）就不会产生影响。

（3）暴露评价

暴露评价是利用模型预测从源到介质之间的污染物迁移和转化过程，分析与评价区域有关的污染物空间分布和释放浓度。即研究人体（或其他生物）暴露于目标有害污染物或物理因子条件下，对暴露量的大小、暴露频率、暴露的持续时间和暴露途径等进行测量、估算或预测的过程，是进行风险评价的定量依据。总体而言，暴露评价包括 3 方面的内容：暴露场景描述、识别暴露途径和暴露量计算。

暴露场景描述包括气候（如温度、降雨）、气象（如风速、风向）、地质条件（如位置、地下地层特征）、植被（如裸露地、森林、草地）、土壤类型（沙地、有机质、酸碱性、基本性质）、地下水文特征（地下水深度、水流方向）、地表水位置及特征（类型、流速、盐度）。

暴露途径与污染源、位置、环境释放类型、人群位置及活动模式密切相关。包括四个要素：来源及化学释放机制、滞留或运输介质（或者是化学传输介质）、潜在人群与污染介质的接触和接触点的暴露途径。根据暴露途径分析，污染物对人体的接触通常有 3 种途径：皮肤吸收、呼吸系统吸入和消化系统摄入。

对于污染物的暴露浓度，可以直接测定，但通常是根据污染物的排放量、排放浓度以及污染物的迁移转化规律等参数，利用一定的数学模型进行估算。估算暴露浓度之后，即可确定暴露量。

（4）风险表征

风险表征主要包括风险特征和不确定性分析。根据不同化学物特性及风险评价目的，风险可用多种方法进行表征，包括致癌物的风险性、非致癌物的慢性（指 7 年到终生）、亚慢性（2 周～7 年）暴露和短期暴露（小于 2 周）风险指数，以及一定风险水平下的化学物可接受暴露限值，并给出各种不同评估方案的不确定性。

不确定性分析是指对环境风险评价过程中（数据收集、毒性评价和暴露评价）不确定性进行定性或定量表达，如所收集数据的可靠性，评价模型中涵盖的一些假设、输入参数的不确定性和可能发生危险的概率事件等。

Suter 将环境风险评价中的不确定性分为两大类，一类是可以用较确切语言描述的不确定性。在环境风险评价中，某一随机事件的发生（如有毒化学物质的泄漏）具有随机性，但是可以通过特定的方法（如 FTA 分析法）预测其发生的概率及影响程度。另一类不确定性是由于人们认识能力的局限，对风险评价中某些现象、机理本身就不清楚，不能准确地描述。具体地说，不确定性包括参数的不确定性（测量误差、取样误差、系统误差）、模型的不确定性（由于对真实过程的必要简化，模型结构的错误说明、模型误用、使用不当的替代变量）和情景不确定性（描述误差、集合误差、专业判断误差和不完全分析）等。

利用统计学的置信区间来确定暴露风险的不确定性也是常用的手段之一。对于复杂模型用仿真数值模拟来进行非确定性分析，其中蒙特卡罗模拟技术比较成熟。蒙特卡罗模拟是利用统计模型对敏感性分析、校准、验证，对随机误差和参数误差进行定量化。

由上述分析可知，危险废物环境风险评价的主要内容包括危险评价、暴露评价、剂量-反应评价、风险表征。其中，危险评价将在第 4 章进行分析，剂量-反应评价主要借鉴目前已有的研究成果。本章主要介绍暴露评价与风险表征采用的技术方法。

2.2.2 危险废物环境风险评价模型构建

危险废物中有毒有害化学物质的释放，会造成土壤、地表水、地下水污染，污染物在水—气—土系统中进行广泛的物质交换，同时污染物从土壤、大气、地表和地下水中迁移至动植物体内。因此，人体会通过呼吸、食物、饮用水和土壤的摄入以及与土壤和水体的接触等途径产生健康风险。基于暴露途径的复杂性和多样性，为了明确各种途径的内在关联性，便于理解污染物迁移转化过程，构建了危险废物中的有毒有害化学物质迁移转化和人体暴露途径（图 2-2）。

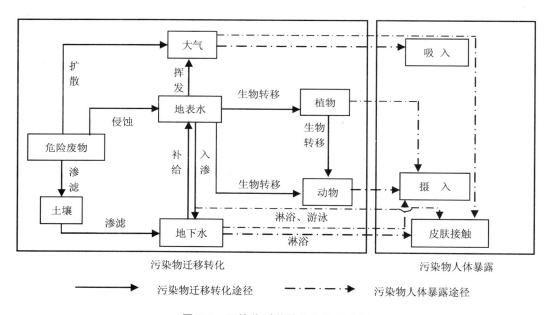

图 2-2　污染物迁移转化和暴露途径

图 2-2 所构建的危险废物风险评价暴露途径，主要由污染物迁移转化模块和人体暴露模块构成。

其中迁移转化模块包括：大气迁移途径；土壤侵蚀；地下水迁移途径；地表水迁移途径；食物链生物积累。

人体暴露途径有：饮用水、动植物和土壤的摄入；大气的挥发物和颗粒吸入；土壤、地表水和地下水的皮肤接触。

危险废物环境风险评价的实质就是利用多介质、多途径的风险评价模型，对各种暴露途径进行识别与定量评价，建立污染物迁移、转化、累积与风险的量化关系。

基于上述污染物迁移转化和暴露途径分析，USEPA 建立了多介质、多路径、多受体暴露和风险评价模型（3MRA 模型），并已经应用于美国危险废物管理中。3MRA 模型建立的初衷主要是为《资源保护与再生法》中部分危险废物的豁免管理提供科学依据。当该危险废物在一般废物处置单元中进行最终处置时，如果整个过程释放的污染物对人体健康和生态环境产生的风险在可接受范围内，那么 USEPA 对该类危险废物进行豁免管理。根据既定的可接受风险值，应用该评价程序计算得到的化学污染物浓度称为"豁免水平"。当废物中污染物浓度低于此"豁免水平"时，则认为在一般废物处置单元中处置该废物对人群和生态是安全的。这些废物将被移出《资源保护与再生法》的危险废物管理系统。"豁免水平"是通过对居住在废物处置单元周围 2 千米范围内的人群，利用 3MRA 评价程序同时计算所有环境介质和暴露途径可能产生的环境风险而得到的。USEPA 通过对全美 201 个场地进行估算而得出一系列适用于全美范围的"豁免水平"。

3MRA 模型由 17 个相互联系的子模型组成（图 2-3），包括 5 个废物处置单元模型（又称"源释放模型"）、5 个介质模型（又称"迁移归趋模型"）、3 个食物链模型以及 4 个暴露和风险表征模型。

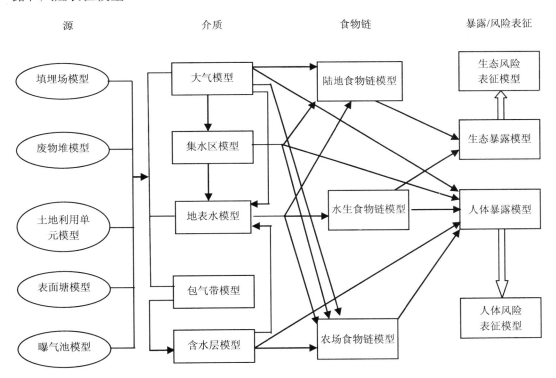

图 2-3　3MRA 模型中源模型、迁移归趋模型、食物链模型及暴露和风险表征模型

环境风险评价模型的选择主要是依据评价目的、相应的输移过程以及介质的影响，例如是否考虑非饱和带影响或是否考虑土壤、水、生物等影响。因此，研究中通常主要选用 USEPA 提出的 3MRA 模型，并结合其他单介质模型用于构建危险废物环境风险评价技术体系。

3MRA 模型的建立已有 10 年，在系统性、综合性及科学性等方面，目前仍是危险废物环境风险较好的评价工具。另一方面，该模型也存在着一定的局限性，其模拟结果可能有较大的偏差。例如，①模拟时间：3MRA 模型预测模拟的时间为 1 万年，但地下水模型能够预测的时间大约 5～30 年。时间越长（如大于 100 年），地下水模型对多种介质中污染物行为的模拟就越困难，即使是经过校正的地下水水流和迁移模型也不能很精确的预测。因此，这会大大地降低短期预测的准确性，特别是在地表水模型计算地表水污染物负荷中非常明显。而且，由于人类活动是变化的，土地的使用方式短期内可能就被改变，而这些活动都会改变污染物的暴露途径。②数据不足：模型参数的获取及其准确性直接决定模型结果的确定性。3MRA 模型中，有些参数明显不能用于代表全国性的数据。模型所做的某些假设可能会与其中的某些场地较接近，但不可能适用于全国的每个场地。③污染物迁移与归趋模拟的缺陷：迁移与归趋模型是源模型与暴露模型的中间纽带，污染物迁移与归趋的模拟是建立环境模型中最复杂、最困难的步骤之一。质量守恒是 3MRA 模型建立的基础，但在包气带模型中，并没有考虑地下水对包气带和地表水的补给作用。地表水模型应用了集水区模型和美国水土保持局提出的"Soil Conservation Service Curve Number Method"（简称 SCS CN 曲线法）来计算单次暴雨引起的径流量。但是，对于较小降雨量，曲线法对径流的估算并不准确。况且，雨量通常是较小但持续时间较长。有研究者分析了曲线法的此缺陷。小降雨事件中，得出的径流量偏小而渗滤量偏大，由废物处置单元进入地下水的化学污染物负荷也偏大，得到的风险值也偏大。地下水模型中，土壤的异质性（例如岩层断裂）对水力参数如水力传导率的影响非常大，因此会导致水力参数具有很大的差异性。3MRA 模型利用蒙特卡罗模拟方法、地下水流以及迁移参数来估算场地地下土壤的异质性。如在包气带模型中，采用参数分布范围内随机代入水力参数的方法。估算弥散度时，尽管 3MRA 模型本身能够自定义弥散度的分布概率，但仍旧采用缺省值输入的方法来估算。

第3章 危险废物豁免管理的关键控制环节研究

根据四类危险废物（电镀污泥、染料涂料废物、废矿物油和废酸废碱）产生和管理现状的调研结果，识别四类废物的危害，并建立了电镀污泥、染料涂料废物、废矿物油这三类废物的暴露场景。在此基础上根据建立的危险废物风险评价技术方法，分别计算各类别危险废物在各管理环节中的风险，进一步识别这四类危险废物在管理中污染的风险特征及关键环节，对危险废物豁免管理的关键控制环节进行研究，主要包括典型危险废物中目标污染物识别，不同管理环节暴露场景建立，风险结果计算和风险产生关键环节分析（图 3-1）。

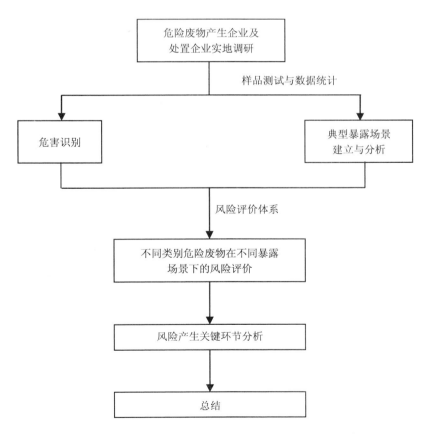

图 3-1　典型危险废物豁免管理关键控制环节研究技术路线

3.1 典型危险废物危害识别（污染特性）

危险废物成分复杂，不同类别的废物中污染物种类繁多、含量各异，而且很多废物中的污染物种类并不清楚。危害识别是风险评价中最基础的步骤，要展开危险废物的风险评价，必须先识别废物中的污染物。危险废物中目标污染物的识别可以通过该废物的产生工艺，分析废物产生过程中进入废物的物质组成，如原料和辅料等物质的成分，定性确定该类危险废物中可能含有的污染物。

3.1.1 电镀污泥中污染物识别

3.1.1.1 污染物识别

电镀污泥成分与生产过程使用的药剂和废水处理过程中使用的添加剂有关，通过对电镀污泥产生过程（电镀生产工艺和电镀废水处理工艺）进行调查，可以对电镀污泥中目标污染物的种类进行识别。

（1）企业生产工艺

通过调查发现，企业选用的生产工艺随镀件种类的不同而有所区别，因此可按照镀件种类来对使用电镀技术的企业生产工艺进行分类。

1）线路板

线路板可以被分为单面板、双面板和多层板。单面板在印制板制造业发展的初期是主流产品，现在所占的比例已逐年下降，且大多数企业已取消了单面板的电镀工艺（单面板已覆铜，只需蚀刻）。双面板一经出现，就凭借其优势取代单面板成为印制板中的主流产品之一（已调研的线路板生产企业中没有单面板电镀工艺）。双面板的生产工艺通常有两种：图形电镀（图 3-2）和全板电镀（图 3-3）。

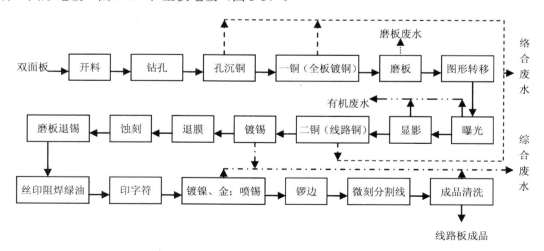

图 3-2 图形电镀生产工艺流程图

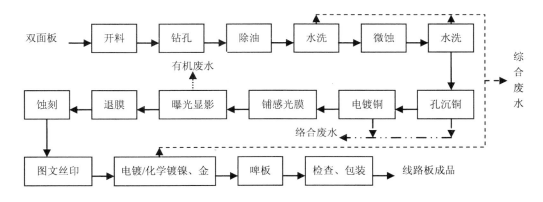

图 3-3　全板电镀生产工艺流程图

全板电镀与图形电镀的区别在于：全板电镀不需要二次镀铜，不需要镀锡和退锡。在图 3-2 和图 3-3 中，除油通常指酸性除油（硫酸）；微蚀使用的药剂通常为过硫酸钠，目的是使板面均匀的粗糙化，便于镀层的附着；孔沉铜使用的工艺为化学镀铜（硫酸、氢氧化钠、甲醛、EDTA）；电镀铜通常为酸性镀铜（硫酸、硫酸铜，阳极为铜球）。

2）五金件

对五金件来说，生产工艺如图 3-4 所示：

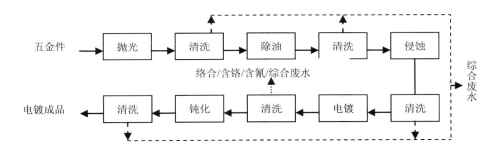

图 3-4　五金件生产工艺流程图

五金件除油过程使用的除油剂通常为氢氧化钠、硅酸盐、碳酸钠，去除的油质是指五金件在加工时所附着的油质；塑胶件除油过程使用的除油剂通常为碱性除油粉，去除的油质通常是指塑胶件上附着的手印等污垢。侵蚀过程使用的药剂多为硫酸和烷基磺酸盐等有机酸。

电镀是五金件整个处理过程最为关键的环节，使用的药剂成分也最为复杂，还会根据镀种的不同而有所区别。镀种通常包括 Cr、Cu、Ni、Zn。电镀 Cr 时使用的槽液成分主要为铬酸酐、硫酸溶液；电镀 Cu 时使用的槽液成分主要为氰化亚铜（碱铜）或硫酸铜、硫酸、铜角等；电镀 Ni 时使用的槽液成分主要为硫酸镍、氨基磺酸、硼酸、表面活性剂等；电镀 Zn 时使用的槽液成分主要为三乙醇胺、氢氧化钠、金属锌（碱性镀锌），或者硫酸（盐酸）、金属锌（酸性镀锌）；电镀 Sn 时使用的槽液成分主要为氟硼酸盐、金属锡（氟硼酸盐镀锡）或硫酸盐、金属锡（硫酸盐镀锡）等。

3）塑胶件

对塑胶件来说，生产工艺如图 3-5 所示：

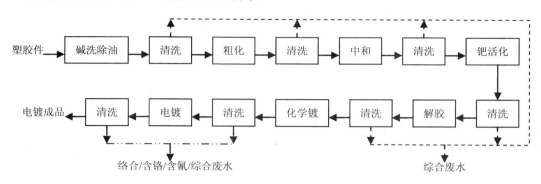

图 3-5　塑胶件生产工艺流程图

其中碱洗除油环节主要去除指印等污垢，使用的药剂为氢氧化钠、碳酸钠、磷酸三钠等，相应地在碱洗除油后的水洗环节会产生含油质、氢氧化钠、碳酸钠、磷酸三钠的废水；粗化使用的药剂通常为铬酸酐、硫酸溶液，粗化后的水洗环节会产生含铬废水；中和过程使用的药剂为盐酸溶液，中和后水洗环节会产生含酸废水；钯活化（又称敏化处理）采用氯化钯和盐酸溶液，会产生含钯酸性废水；解胶主要去除塑胶纤维毛刺等杂质，使用的药剂多为氢氧化钠溶液，清洗环节主要产生碱性废水。

化学镀的镀种通常为铜和镍。化学镀铜时使用的药剂通常为甲醛、硫酸铜、氢氧化钠、络合剂（EDTA）、稳定剂等，化学镀镍使用的药剂通常为硫酸镍、次磷酸钠、醋酸钠、丙酸等。

（2）废水处理工艺

1）线路板企业的废水处理工艺

线路板企业的废水处理工艺因其生产工艺与电镀企业的差异而不同，具体的处理流程如图 3-6 所示。

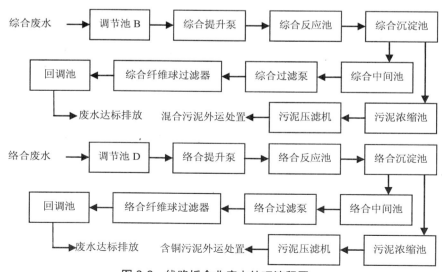

图 3-6　线路板企业废水处理流程图

在整个处理流程中，调节池中通常会加入硫酸调节 pH；气浮池中会加入多元媒，多元媒的成分则主要为铁粉、活性炭；反应池中通常会加入片碱（NaOH）、硫化钠、PAC（聚合氯化铝）和 PAM（聚丙烯酰胺）；回调池中又会加入硫酸来调节 pH。不同废水在处理过程中产生的污泥可能会被混合后统一压滤，也可能单独进行压滤后再混合。有的企业还会将磨板废水混入到有机废水中一并处理。

由上述处理流程可以判断混合污泥中的有害成分主要为：铜、镍、锡等重金属的硫化物和氢氧化物、残留的未被反应掉的有机添加剂（包括生产过程和废水处理过程中添加的），SO_4^{2-} 等阴离子。

2）其他类型企业的废水处理工艺

电镀污泥产生企业的废水处理工艺基本相同，它们通常把不同环节产生的废水分为含氰、含铬、络合和综合四大类分别进行处理，一些规模较大、处理设施较为完善的企业还会将废水分为含铬、含油、焦铜、化镍、酸碱五类，更为细化地进行处理。不同企业的废水处理流程和不同处理环节加入的药剂都大同小异，具体为：含氰废水首先会先进入调节池，在调节池内混合均匀后会由提升泵定量泵入破氰池内，破氰通常采用漂水二级氧化法处理，加入的药剂为漂白水、酸、片碱或石灰，加入酸碱的目的是为了调节 pH；含铬废水的产生通常是由于两种情况：使用铬酸盐钝化或使用铬酐电镀铬。含铬废水在经过调节池调节后会被泵入还原反应池，在还原反应池中六价铬被还原成三价铬，加入的药剂为硫酸氢钠和硫酸或亚硫酸钠和硫酸；络合废水主要是指在使用焦磷酸铜、焦磷酸钾镀铜时产生的含有铜络合物的废水。络合废水在经过调节池调节后会进入络合反应池，络合反应池中主要会加入亚铁盐、硫化钠等药剂，硫离子会与重金属生成难溶于水的硫化物沉淀；综合废水除包括经过预处理后的含氰、含铬和络合废水外，还包括含铜镍等其他废水。综合废水在经过综合废水调节池均质均量后泵入到反应池中，反应池通常会包括快速混凝池和慢速混凝池两个，快速混凝池中会加入片碱或石灰调节 pH，加入混凝剂 PAC 和助凝剂 PAM 提高沉淀效果，在慢速混凝池中，快混池中形成的小颗粒会在较慢的搅拌速度下，转变形成大颗粒易于沉淀的絮体并沉淀于沉淀池中。具体的处理流程图如图 3-7 所示。

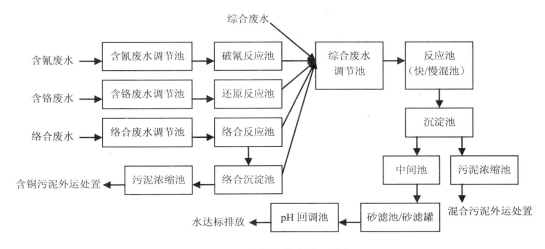

图 3-7 电镀企业废水处理流程图

（3）目标污染物的确定

通过对产生电镀污泥的不同类型的企业的生产工艺、废水处理工艺的分析以及对相关文献的查阅后，可以确定电镀污泥中的目标污染物主要为 Cr、Cu、Ni、Zn、Sn（作为镀种引入的主要污染物），此外还会含有 Cd、Mn、Ba、Pb、CN⁻和 F⁻（电镀槽液、各种添加剂等引入的物质）。

根据电镀污泥中初步确定的目标污染物，对采集的样品进行实验室分析，主要分析的项目和指标见表 3-1。

表 3-1　采集样品测试分析项目表

项目		电镀污泥	染料涂料类	废矿物油	废酸废碱
理化性质	pH	√	√	√	√
	粒度分布	√	√	√	
	含水率	√	√	√	
	容重	√	√		
无机项目	重金属浸出毒性	√	√	√	
	重金属总量	√	√	√	√
	浸出氰化物	√			
	浸出氟离子	√			

3.1.1.2　污染物浓度

镀污泥中的目标污染物主要是重金属，对现场采集的 43 个电镀污泥样本进行检测分析（包括重金属总量分析、硫酸硝酸法浸出浓度分析和醋酸法浸出浓度分析），并经统计分析获得电镀污泥中重金属总量和浸出毒性的浓度水平。

（1）重金属总量

根据样品检测分析的结果，电镀污泥中重金属种类主要有 Cr、Cu、Ni、Pb、Zn 和 Sn。图 3-8 是 Ni、Pb 和 Cr 的分布情况，其他重金属的浓度分布见表 3-2。

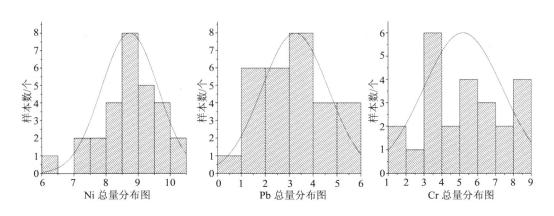

图 3-8　电镀污泥中 Ni、Pb、Cr 总量频次分布（取自然对数）

表 3-2 电镀污泥中污染物含量分布统计　　　　　　　　　单位：mg/kg

污染物	Cd	Cr	Cu	Ni	Pb	Zn	Ba	CN⁻
平均值	19	985	7 700	8 635	60	1 932	44	11
范围	0.10～90	4.66～5 129	130～22 000	586～25 437	2～315	37～9 800	20～60	0.40～55
95%置信区间上限值	73	295	15 888	19 356	151	5 538*	44	34
频数最大分布区间	0.22～0.61	20～54	3 000～5 000	4 914～8 103	20～54		50～60	0.22～12

注：* 统计数据不成正态分布，取百分位数为 90 的值，下同。

由图 3-8 和表 3-2 可知，从电镀污泥中重金属的均值来看，Cu、Ni、Zn 和 Cr 的含量较高，主要是因为这几种重金属常作为电镀企业的镀种。从重金属浓度分布的区域大小分析，Cu、Ni 的含量相对较高，而这两种重金属的浓度分布在 95%置信区间上限值也较大，可见，我国电镀污泥中的 Cu 和 Ni 含量较高。

电镀污泥中同一种重金属的含量差异性大，如 Cr 的分布在 4～5 129 mg/kg，差异可达到 1 000 多倍。除 Ba 外，其他重金属的总量差异都在 100 倍以上。

（2）重金属浸出浓度

对重金属浸出浓度的测试结果做统计分析，图 3-9 是 Ni 和 Cu 的分布情况，其他重金属的浸出浓度分布见表 3-3 和表 3-4。

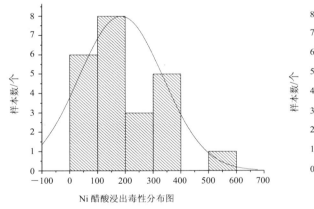 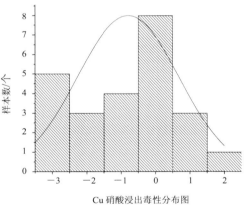

图 3-9 电镀污泥中 Ni、Cu 醋酸浸出浓度频次分布（Cu 取对数）

表 3-3 电镀污泥中重金属醋酸浸出毒性　　　　　　　　　单位：mg/L

污染物	Cd	Cr	Cu	Ni	Pb	Zn	Ba	CN⁻	F⁻
平均值	0.33	1.19	22.97	184	1.31	14.74	0.15	0.021	2.4
分布范围	0～2.2	0.01～6.14	0.05～96	1.23～593	0.10～8	0.05～79	0.01～0.54	0.005～0.062	0.13～8.29
95%置信区间上限值	0.87	4.57*	67.00*	379	5*	54	0.31	0.047	7.37
频数最大分布区间	0.05～0.14			100～200		33～90	0.05～0.14	0～0.02	1.65～12

注：百分位数为 90 的值。

表 3-4　电镀污泥中重金属硫酸硝酸浸出毒性　　　　　　单位：mg/L

污染物	Cd	Cr	Cu	Ni	Pb	Zn	Ba	CN⁻	F⁻
平均值	0.026	0.14	1.05	5.67	0.23	1.35	0.038	0.97	2.9
取值范围	0.01~ 0.05	0.01~ 1.2	0.05~ 6.76	0.05~ 78	0.06~ 0.42	0.03~ 1.85	0.01~ 0.13	0.005~ 7.85	0.20~ 10.06
95%置信区间上限值	0.05*	0.34*	2.99	7.90*	0.39	0.76	0.083	0.59	8.06
频数最大分布区间			0.61~ 1.65		0.30~ 0.35	0.11~ 0.17	0.03~ 0.056	0.002 5~ 0.14	0.37~ 7.39

电镀污泥中各重金属的浸出毒性差异与总量相似，从均值来看，仍是 Cu、Ni、Zn 和 Cr 较高，从浓度分布的区域大小分析，Cu、Ni 的含量相对较高，而这两种重金属的浓度分布在 95%置信区间上数值也较大。

3.1.2　染料涂料类废物中污染物识别

3.1.2.1　污染物识别

（1）废物产生工艺

通过染料涂料类废物的产生工艺分析，可以初步确定废物中的污染物种类。染料涂料类废物的产生来源主要有涂料生产企业和涂料使用企业，其具体产废环节见图 3-10～图 3-13。

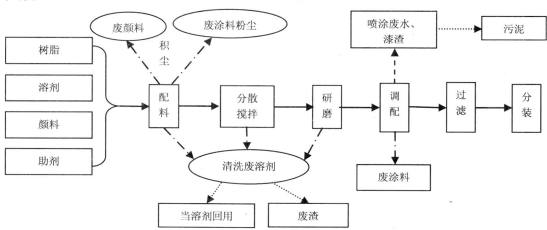

图 3-10　涂料生产企业生产过程的产废环节

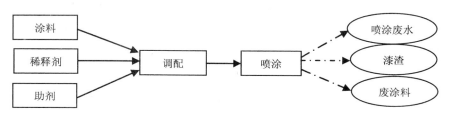

图 3-11　涂料使用过程中主要产废环节

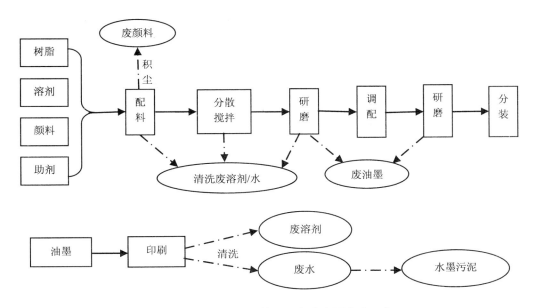

图 3-12 油墨生产及使用过程中主要产废环节

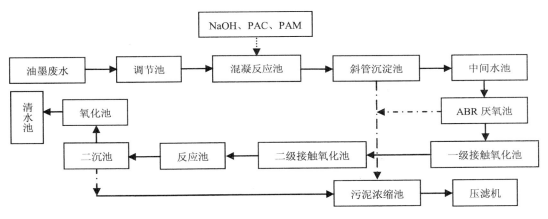

图 3-13 油墨废水处理工艺流程图

（2）目标污染物的确定

由染料涂料类废物的产废工艺流程图可以看出，废物中的污染物成分都是由原辅料成分决定，不同企业产生的废物成分大同小异，基本组成包括树脂、溶剂、颜料、助剂，其所占比例分别为 35%～60%、30%～60%、5%～20% 和 0.2%～1%。

树脂是油漆、油墨的主要组成成分，为成膜物质。树脂本身没有毒性，但其中通常会含有未被聚合的单体或在一定条件下被分解成有毒的单体。根据调研可知油漆油墨中常用树脂及其可能存在的单体如表 3-5 所示。

表 3-5 不同树脂中可能存在单体物质表

树脂类型	可能存在单体
醇酸树脂	异氰酸甲酯
聚酯树脂	双酚 A
酚醛树脂	甲醛、苯酚、甲酚（邻间对）、双酚 A
氨基树脂	甲醛、三聚氰胺
丙烯酸树脂	丙烯酸（甲乙丁酯）、甲基丙烯酸（甲乙丁酯）、苯乙烯、乙烯基甲苯、丙烯腈
环氧树脂	双酚 A、四溴双酚 A、双酚 F、环氧乙烷
聚氨酯树脂	氨基甲酸乙酯、二苯甲烷二乙氰酸酯、甲苯二异氰酸酯、苯酚、己二异氰酸酯、异佛尔酮二异氰酸酯（IPDI）、己内酰胺

溶剂用以均匀分散成膜物质，根据成膜物质的不同而不同，根据表 3-6、表 3-7 可知不同油漆油墨的溶剂的可能组成。

表 3-6 不同油漆溶剂的组成

树脂类型	常用溶剂类型
醇酸树脂	石油溶剂、酯类
丙烯酸树脂	脂肪族溶剂、酮和酯类
环氧树脂	酮、酯类溶剂
酚醛树脂	植物油、矿物油
聚酯树脂	芳烃类、酯类、酮类
聚氨酯树脂	芳烃类、酯类
氨基树脂	芳烃类、酮类

表 3-7 不同溶剂的组成

溶剂类型	常见组成成分
苯系溶剂	甲苯、二甲苯
石油溶剂	三甲苯
酮类溶剂	丙酮、丁酮、环己酮、甲基异丁基酮
酯类溶剂	醋酸乙酯、醋酸丁酯、异氰酸甲酯

调研发现，油漆油墨中所有颜料主要以无机颜料为主，因此颜料的使用会带入重金属污染物，主要包括 Ba、Cd、Cr、Pb、Co、Cu、Zn。

助剂不是涂料生产中的主要原材料，它属于涂料中的辅助材料，但它却是涂料中必不可少的组成部分。涂料所常用的助剂有流平剂、增塑剂、催干剂、固化剂、消泡剂等，通过调研发现，助剂的使用中以增塑剂最多，因此由其带入的主要污染物为邻苯二甲酸酯类物质。

综上所述，通过对染料涂料常用树脂、溶剂、颜料和助剂的组成成分分析，综合考虑现有的分析测试方法，确定了染料涂料类废物中可能存在的污染物成分，并将其分 8 类，其中酚类、丙烯酸类、异氰酸类为树脂中的单体；芳香烃类、酯类和多环芳烃类为溶剂；重金属为颜料所带入的污染物；邻苯二甲酸酯类为助剂（增塑剂）带入污染物，见表 3-8。

表 3-8　油漆油墨类废物中污染物组成成分

来源	污染物种类	污染物名称
树脂	丙烯酸类	丙烯酸（甲乙丁酯）、甲基丙烯酸（甲丁酯）、丙烯腈
	异氰酸酯	甲苯二异氰酸酯（TDI）
溶剂	芳香烃类	苯、甲苯、二甲苯、三甲苯、苯乙烯
	酯类	乙酸乙酯
	多环芳烃	10 种多环芳烃
颜料	重金属	Ba、Cr、Cd、Pb、Co、Cu、Zn
助剂	邻苯二甲酸酯类	邻苯二甲酸（2-乙基己基酯）、邻苯二甲酸二丁酯
其他有机物		甲醛

根据染料涂料类废物中初步确定的目标污染物，对采集的样品进行实验室分析，主要分析的项目和指标见表 3-9，其中浸出毒性只测定重金属，有机污染物的浸出毒性在取值时可参考其溶解度（按照液固比 10∶1 进行推算，若污染物测定的总量浓度大于溶解度则浸出浓度取值为溶解度数值，若测定值小于溶解度则浸出浓度取实际测定总量值）。

表 3-9　采集样品测试分析项目表

项目		电镀污泥	染料涂料类	废矿物油	废酸废碱
理化性质	pH	√	√	√	√
	粒度分布	√	√	√	
	含水率	√	√	√	
	容重	√	√	√	
无机项目	重金属浸出毒性	√	√	√	
	重金属总量	√	√	√	√
	浸出氰化物	√			
	浸出氟离子	√			
有机项目	芳香烃		√		
	邻苯二甲酸酯类		√		
	酯类		√		
	酚类		√		
	多环芳烃		√	√	
	异氰酸酯		√		
	丙烯酸类		√		
	其他		√		

3.1.2.2 污染物浓度

根据现场调研发现，染料涂料类废物可分为漆渣、废水处理污泥、废油墨油漆、废溶剂。现场共采集 48 个样本，其中包括废漆渣 20 个样本、废水处理污泥 9 个样本、废油墨油漆 10 个样本、废溶剂 9 个样本。对 48 个样本进行测试分析，包括重金属总量、重金属硫酸硝酸法浸出毒性、重金属醋酸法浸出毒性和 7 类有机物总量（只对污泥、漆渣和废油墨油漆样本测定重金属的两种浸出毒性）。对测试结果统计分析获得各种污染物浓度分布水平。

（1）重金属

通过对染料涂料类废物产生工艺分析可知，重金属污染物主要由油漆、油墨生产过程中加入颜料的环节引入，因此，重金属污染物种类是由所用的颜料种类决定。

由图 3-14～图 3-16 可以看出，污泥重金属检出浓度较高（浓度<1 的比例较少）；漆渣、污泥、废油墨油漆中所含重金属种类没有明显差别。

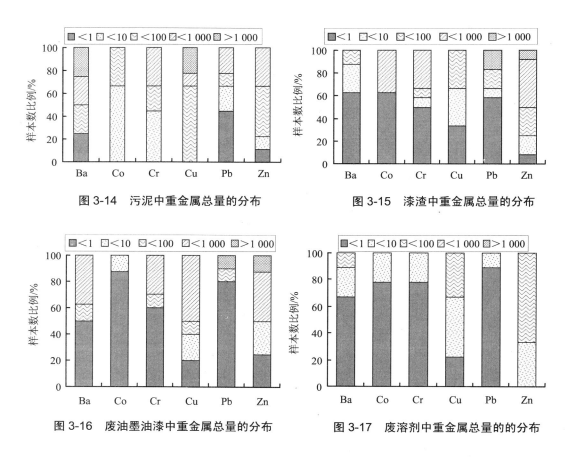

图 3-14　污泥中重金属总量的分布　　　　图 3-15　漆渣中重金属总量的分布

图 3-16　废油墨油漆中重金属总量的分布　　图 3-17　废溶剂中重金属总量的的分布

上述结果表明，即使是对于同一种来源的废物，例如染料涂料废物，由于不同的产废环节，不同的物理状态，导致其中污染物含量差异较大，因此，在开展风险研究时，应对研究对象进一步细分，不宜笼统地开展"染料涂料类废物"风险评价，应具体到某一具体的类别，例如漆渣、污泥、废油墨油漆等。

各类别染料涂料废物重金属含量统计结果显示，尽管不同类别染料涂料废物的重金属种类和含量存在较大差异，但 Cu、Zn 是染料涂料废物中分布最广的重金属。污泥和漆渣中重金属含量较高，而废溶剂中重金属含量最低。污泥中的重金属以 Ba、Cu、Mn 和 Zn 为主，也还有一定的 Cr 和 Pb。漆渣中由于非致癌效应较高的重金属 Cr 含量很高（平均含量 181 mg/kg），漆渣的产生的风险需重视。

表 3-10　染料涂料废物重金属总量　　　　　　　　　　　　　单位：mg/kg

废物类别	污染物	Ba	Cd	Co	Cr	Cu	Mn	Pb	Zn
废水处理污泥	平均值	794	0.43	12.4	5.6	48.8	250.4	6.04	36.7
	取值范围	53.1～2 240	0.3～0.7	2～51	2.3～8.3	21.2～87	0.5～754	2～10	4.8～57
	95%置信区间上限值		0.64		10.1	81.3		11.2	66.3
	中位数	441		2			43.6		
	频数最大分布区间	50～90	0.3	2	3.7～8	43～47	42.8～43	5	49～57
漆渣	平均值	5.2		73.7	181	7.1	10.2	10.1	55.8
	取值范围	1～20.1	—	1～212	1～901	1.58～24	0.5～52	1～50	5.7～165
	95%置信区间上限值					22.6	22.1	23.5	164
	中位数	1		2	467				
	频数最大分布区间	1		2		1.58～2	0.5～0.8	5	55～77
废油墨油漆	平均值	3.8	0.62	0.71	3.94	10.03	0.62	8.73	18
	取值范围	0.5～18	0.1～4.7	0.5～1	0.5～26	0.5～32	0.1～1	1～67	0.5～113
	95%置信区间上限值					34.08			39.12
	中位数	9.8	0.1	0.7	1		0.85	2	
	频数最大分布区间	1	0.1	0.5	1	13～13		1	7～10
废溶剂	平均值	1.67	0.1	1.91	1.82	9.13	1.46	1.7	30.9
	取值范围	1～5.3	0.1～0.2	0.5～5	0.5～7	0.5～30	0.1～6	1～4.6	2～60
	95%置信区间上限值				1.99	29.8	4.31		51.46
	中位数	1	0.1	1				1	
	频数最大分布区间	1	0.1	1	1	10～30	1	1	27.5～37

表 3-11　染料涂料中重金属硝酸浸出毒性浓度　　　　　　　　单位：mg/L

废物类别	污染物	Ba	Co	Cr	Pb	Cu	Zn
废水处理污泥	平均值	1.78	0.06	0.03	0.36	0.28	4.84
	取值范围	0.08～6.86	0.01～2.91	0.01～0.19	0.1～0.73	0.01～2.2	0.02～19.9
	百分位数为 90 的值	1.324	0.02	0.01	0.65	0.65	1.99
	频数最大分布区间	0.5～1	0.01～0.02	0.01	0.3～0.5	0.5	0.2～3.1
漆渣*	百分位数为 90 的值	0.008	0.032	0.467	0.024	1.33	4.94
废油墨油漆	百分位数为 90 的值	0.010	0.011	0.001	0.27	0.002	0.391

注：* 漆渣和废油漆油墨中重金属浸出浓度分布与染料涂料废水污泥中相近，所以在此只列出了漆渣和废油漆油墨中重金属浸出浓度的 90% 的百分位数。

表 3-12　染料涂料中重金属醋酸浸出毒性浓度　　　　　单位：mg/L

废物类别	污染物	Ba	Co	Cr	Pb	Cu	Zn
污泥	平均值	0.54	0.12	0.36	3.8	4.2	1.53
	取值范围	0.07～5.1	0.1～0.51	0.01～2.53	0.3～10.7	0.01～23.2	0.1～44
	百分位数为 90 的值	4.41	0.16	0.3	10.57	0.45	39.8
	频数最大分布区间	0.3～0.5	0.1～0.5	0.01～0.2	0.4～0.7	0.01～0.03	0.1～0.5
漆渣	百分位数为 90 的值	0.010	0.160	14.01	2.94	0.941	98.7
废油墨油漆	百分位数为 90 的值	0.098	0.056	0.030	4.43	0.080	23.47

（2）有机污染物

四种染料涂料废物均含有较高浓度的苯系物污染物（表 3-13～表 3-16），而且废溶剂中苯系物含量明显高于其他类别废物（图 3-18～图 3-21），废溶剂中苯系物的检出率均高于 10%，且除苯乙烯和苯浓度主要分布在＞10 mg/mg 的范围外，其他污染物含量有 90% 的样本分布在＞100 mg/mg 的范围；其次为废油墨油漆，其污染物含量小于废溶剂，但高于漆渣、污泥。

漆渣、污泥中所含苯系物在种类上没有明显差别，但不同的有机污染物的含量分布上差异较大，例如二甲苯在不同类型的废物中都普遍存在，而在漆渣中，二甲苯含量有 40% 左右的样本在 10～1 000 mg/mg 的范围，未检出样本只有 5% 左右，污泥中二甲苯则都检出且均分布在 10～100 mg/mg 的范围中。

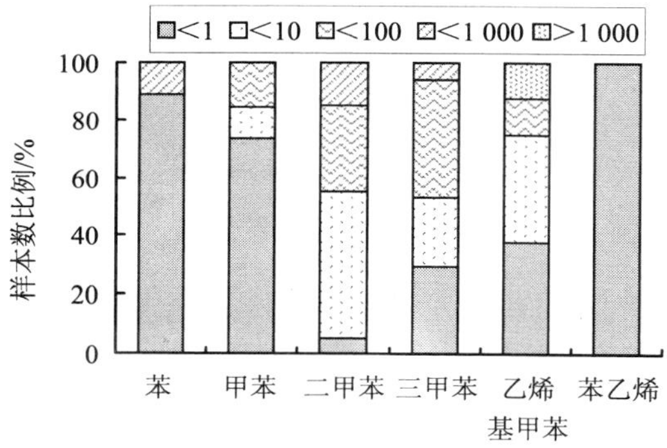

图 3-18　漆渣中苯系物含量的分布

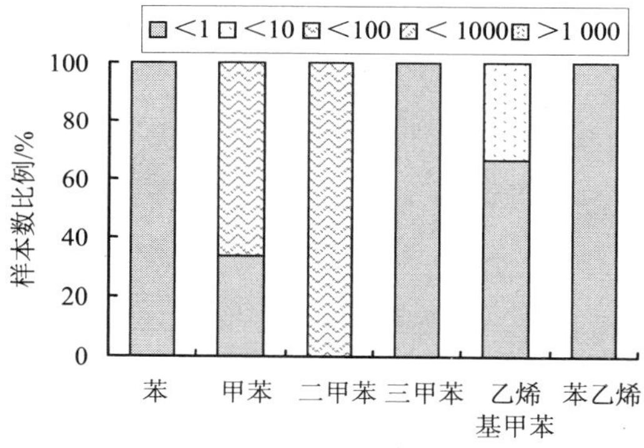

图 3-19　污泥中苯系物含量的分布

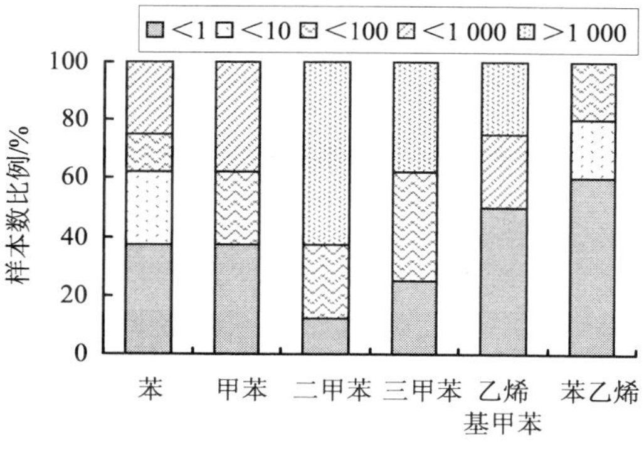

图 3-20　废油墨油漆中苯系物含量的分布

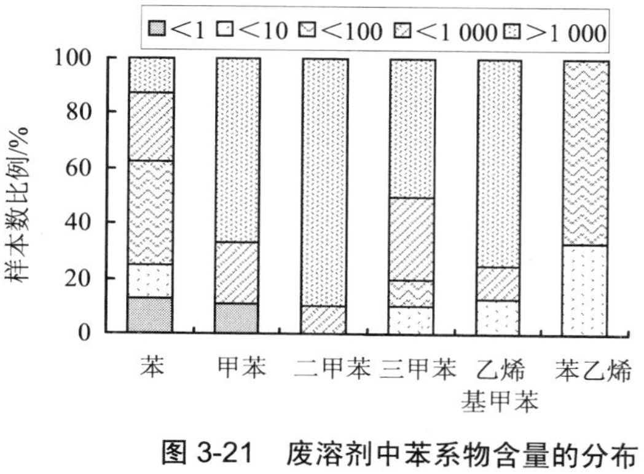

图 3-21　废溶剂中苯系物含量的分布

由此可见，即使是归于同一类型的危险废物，由于产自不同的工艺环节、不同的物理形态，导致其中的污染物含量差异较大，在进行具体的风险评价研究过程中，应充分考虑这一特点。

各种染料涂料废物中仅废水处理污泥含有大量的多环芳烃，而其他三种染料涂料废物中污染物的成分更为复杂，含有大量的酯类、酚类以及酮等。

表 3-13　染料涂料废物/污泥中有机污染物含量　　　　　　单位：mg/kg

污染物	甲苯	二甲苯	三甲苯	乙酸乙酯	菌	苯并[b]荧蒽	苯并[k]荧蒽	苯并[a]芘
平均值	17.7	36.4	0.94	2.6	43	5	2.4	9.2
取值范围	0.81～33	23～45	0.83～1	2.6	43	4.1～5.9	1.2～3.5	9～9.4
中位数	18.9	41	1	2.6				
频数最大分布区间		41～45	1					

污染物	邻苯二甲酸二（2-乙基己基）酯	萘	芴	蒽	荧蒽	芘	苯并[a]蒽
平均值	9.5	579	34	12	31	107	2.9
取值范围	8.9～19.3	249～909	17～50	7.5～16	21～40	71～143	2.4～3.4

表 3-14　漆渣中有机污染物含量　　　　　　单位：mg/kg

污染物	苯	甲苯	邻苯二甲酸二丁酯	邻苯二甲酸丁苄酯	邻苯二甲酸二乙酯	苯酚
平均值	0.55	1.6	6.19	13.6	5.41	10.98
范围	0.17～1	0.01～5	0.5～22	0.5～67	0.5～10	1～33
95%置信区间上限值	1.13	6.44	18.05			
中位数				10	10	10
频数最大分布区间	0.17～0.25	5	10～12	10	10	10

污染物	二甲苯	三甲苯	苯乙烯	乙酸乙酯	邻苯二甲酸二（2-乙基己基）酯	邻甲酚
平均值	14.21	7.73	3.48	2.33	42.67	9.29
范围	0.06～70.8	0.29～20	0.17～5	0.83～5	8～130	1～14
95%置信区间上限值	46.6	22.6		4.54	96.28	
中位数			5			10
频数最大分布区间	3.5～9.6	1.96～5	5	2.2～2.8	32～62	10

表 3-15　废油墨油漆中有机污染物含量　　　　　　　　　　　　　单位：mg/kg

污染物	苯	甲苯	二甲苯	三甲苯	苯酚	邻甲酚	丙酮	甲醛
平均值	6.03	33	12 582.6	17.01	12.02	10.01	2	55
范围	1~17.6	1~112	5~39 300	1~30.8	0.5~20	0.5~20	2	55
95%置信区间上限值	13.55	94.89	47 581	57.5				
中位数					10	0.5	2	55
频数最大分布区间	2.6~6	5	35 900~39 300	26.7~30.8	15	9.3		
污染物	苯乙烯	乙酸乙酯	甲基丙烯酸甲酯	萘	荧蒽	邻苯二甲酸二丁酯	邻苯二甲酸二乙酯	
平均值	6.76	10.6	7.48	47.2	0.4	7.58	4.73	
范围	5~13.2	10.3~11.2	5~14.9			0.5~30.3	0.5~10	
95%置信区间上限值						28.28		
中位数	5	10.3	5	47.2	0.4		5.3	
频数最大分布区间	5.6	10.3	5			10~30	10	

表 3-16　废溶剂中有机污染物含量　　　　　　　　　　　　　　　单位：mg/kg

污染物	苯	甲苯	二甲苯	三甲苯	DEP	苯酚	丙酮	甲醛
平均值	39	1 392	786	356	10.51	14.67	2	658
范围	2.6~110	231~3 140	173.8~57 000	88~3 122	0.5~50	10~24	2	658
95%置信区间上限值		3 014.03	50 010.54	1 851.6				
中位数	34					0.5	10	
污染物	苯乙烯	乙酸乙酯	丙烯酸乙酯	甲基丙烯酸甲酯	甲基丙烯酸乙酯	丙烯腈	DEHP	
平均值	38.2	62 933.33	82	1 137	1.44	145.37	13.52	
范围	6.3~93	11 500~154 000	82	173~2 100	1.44	5~376	0.5~31	
95%置信区间上限值							27.46	

3.1.3　废矿物油中污染物识别

3.1.3.1　污染物识别

（1）废矿物油类物产生过程

经过对废矿物油生产和使用企业的现场调研后，对于废矿物油的产生过程进行了分析总结，分别得到液态类和固态类废矿物油的产生工艺。

1）液态类矿物油的产生工艺

液态类废矿物油的产生工艺可以分为石油炼制、机械、动力、运输等设备的维护和维修，以及机械、机电设备及器材加工制造和其他产生工艺。

①石油炼制

石油炼制过程中的溢出废油或乳剂以及清洗油罐（池）或油件过程中产生的废矿物油。此时产生的废矿物油主要是废重油。

②机械、动力、运输等设备的维护和维修

在机械、动力、运输等设备的维护和维修中产生大量的更换油和清洗油等废矿物油。其中产生的废矿物油可能含有废汽油、废煤油、废柴油、废润滑油。

③机械、机电设备及器材加工制造

机械、机电设备及器材加工制造中产生的废矿物油主要是润滑油，润滑油主要是金属加工润滑油和淬火油。

④其他产生工艺

主要有油墨的生产、配制产生的废分散油；专用化学产品制造行业中黏合剂和密封剂生产、配置过程产生的废弃松香油；使用镀锡油的各个工艺产生的废矿物油；油/水分离设施产生的废油以及其他生产、销售、使用过程中产生的废矿物油。

2）固态类矿物油的产生工艺

固态类矿物油的产生工艺可以分为石油开采和炼制、机械、动力、运输等设备的维护和维修、含油废水处理和其他产生工艺。

①石油开采和炼制

石油开采和炼制产生废矿物油包括废弃钻井液处理产生的污泥；石油开采和炼制产生的油泥和油脚；石油炼制过程中溶气浮选法产生的浮渣；石油炼制过程中各种储存、过滤、分离设施产生的浮渣和沉渣；石油初炼过程中产生的废水处理污泥，以及储存设施、油-水-固态物质分离器、积水槽、沟渠及其他输送管道、污水池、雨水收集管道产生的污泥等。在这工艺中产生的废矿物油有含有浮渣、含有沉渣、含油污泥和油泥。

②机械、动力、运输等设备的维护和维修

机械、动力、运输等设备的维护和维修产生的废矿物油包括设备的维护和维修产生的润滑脂和油泥。

③含油废水处理

矿物油生产和使用企业对产生的含油废水进行处理产生的废矿物油和含油污泥。

④其他产生工艺

主要有珩磨、研磨、打磨过程产生的含油污泥和废矿物油回收利用中产生的废白土渣以及油泥等。

（2）目标污染物的确定

废矿物油类中的污染物成分主要来自矿物油的原辅料，成品矿物油一般由基础油（占70%～90%）和添加剂（占5%～30%）组成。通过对矿物油常用基础油和添加剂的组成成分分析，确定了矿物油类废物中可能存在的污染物成分。将其分成3类，分别是芳香烃类、多环芳烃类和重金属类污染物。其中，每一类包括的成分如下：

1）芳香烃类：苯、甲苯、二甲苯、三甲苯、乙烯基甲苯、苯乙烯

2）多环芳烃：16 种多环芳烃（包括萘、苊烯、苊、芴、菲、蒽、荧蒽、芘、苯并[a]蒽、䓛、苯并[b]荧蒽、苯并[k]荧蒽、苯并[a]芘、茚苯[1,2,3-cd]芘、二苯并[a,h]蒽/芘和苯并[g,h,i]苝）

3）重金属：Cu、Zn、Ni、Cr、Pb、Mn、Ba、Co、Cd、Ag、Sb、Hg

根据废矿物油中初步确定的目标污染物，对采集的样品进行实验室分析，主要分析的项目和指标见表 3-17。

表 3-17　采集样品测试分析项目表

项目		电镀污泥	油墨涂料类	废矿物油	废酸废碱
理化性质	pH	√	√	√	√
	粒度分布	√	√	√	
	含水率	√	√	√	
	容重	√	√	√	
无机项目	重金属总量	√	√	√	
有机项目	芳香烃		√	√	
	多环芳烃			√	

3.1.3.2 污染物浓度

根据现场调研发现，废矿物油可分为固态废矿物油（含油废水处理污泥）和液态废矿物油（废油）。现场共采集 36 个样本。对废矿物油的重金属总量、重金属硫酸硝酸法浸出毒性、醋酸法浸出毒性、苯系物总量及多环芳烃类污染物进行测试分析。对测试结果统计分析获得各种污染物浓度分布水平。

（1）重金属总量

通过对矿物油类废物的产生和使用工艺进行分析可知，该类废物中重金属污染物来源主要有两个，一是来源于矿物油中的添加组分，二是来源于其在使用过程的进入，如发动机或机器磨损。废矿物油中重金属的含量差异性及分布见图 3-22 和表 3-18、表 3-19。

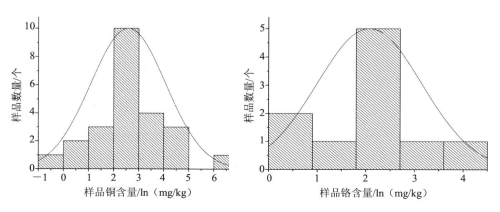

图 3-22　废矿物油中 Cu、Cr 的含量频次分布

表 3-18　液态废矿物油中重金属含量　　　　单位：mg/kg

污染物	Cu	Zn	Ni	Cr	Pb
平均值	42.62	229.71	9.69	13.13	8.41
取值范围	0.77~472.90	3~854	0.25~29.64	1.8~48	3~591.60
95%置信区间上限值	29	109	20.5	15.3	6.79
频数最大分布区间	7.39~20.09	54.60~148.41	2.72~7.39	6.05~14.88	4.95~7.40

表 3-19　含油废水处理污泥中重金属含量　　　　单位：mg/kg

污染物	Cu	Zn	Ni	Cr	Pb
平均值	163.74	107.17	13.18	93.98	30.57
取值范围	4.61~981.73	0.103~409.27	8.62~20.52	7.24~251.83	3.72~76.64

　　废矿物油中重金属的含量较低，铜、锌是废矿物油中主要的重金属，含量均不高于 500 mg/kg。其他重金属的含量在 100 mg/kg 内。可见，废矿物油中重金属不是主要的污染物。而且液态废物中重金属总量低于含油废水处理污泥。

（2）浸出毒性

　　废矿物油中各重金属的浸出毒性如表 3-20、表 3-21 所示，各重金属的浸出毒性均较低，远低于危险废物浸出毒性鉴别标准。

表 3-20　含油废水处理污泥中重金属硫酸硝酸浸出毒性　　　　单位：mg/L

污染物	Zn	Cr	Pb	Ni	Cu
平均值	0.81	0.044	0.03	0.19	0.11
取值范围	0.07~3.06	0.003~0.21	0.03~0.03	0.01~0.46	0.01~0.40

表 3-21　含油废水处理污泥中重金属醋酸浸出毒性　　　　单位：mg/L

污染物	Zn	Cr	Pb	Ni	Cu
平均值	53	5.17	2.13	5.29	3.074
取值范围	10.22~103.25	0.03~8.83	0.03~4.53	0.01~9.66	0.01~11.21

（3）苯系污染物

　　苯系物主要来自矿物油的汽油基体中。对所调研废物中苯系废物含量的分布进行分析发现，同一形态的矿物油中不同种类的矿物油在含有苯系物的种类和数量上有明显差异。矿物油废物中苯系污染物主要是苯、甲苯、苯乙烯、邻二甲苯、间二甲苯、对二甲苯、三甲苯、苯乙烯和乙烯基甲苯。

表 3-22　废矿物油中苯系物含量统计　　　　单位：mg/kg

废矿物油形态	固态	液态					
污染物	苯	苯	甲苯	苯乙烯	三甲苯	乙烯基甲苯	二甲苯
平均值	268	308.89	230.79	959.37	505.13	108.42	749.78
取值范围	30~560	3.72~1 146	11.3~952.6	43.5~2 504.5	6~1 712.5	7.4~284	10.7~2 680
95%置信区间下限值	—	910.27	763.61	2 924.09	1 938.29	243.35	2 347.17

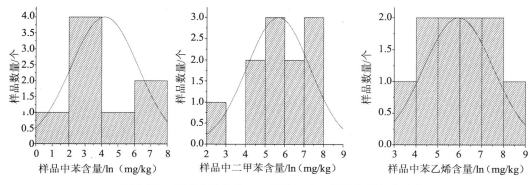

图 3-23　废矿物油中苯、二甲苯、苯乙烯的含量频次分布

废矿物油中，苯系物是主要污染物之一，含量均较高，如二甲苯的平均浓度高达 750 mg/kg，苯乙烯的平均浓度高达 960 mg/kg。

（4）多环芳烃系污染物

多环芳烃系物主要来自矿物油的基础油中。对所调研部分废物中多环芳烃系废物含量的分布进行分析发现，同一形态的矿物油中不同种类的矿物油在含有多环芳烃的种类和数量上有明显差异。

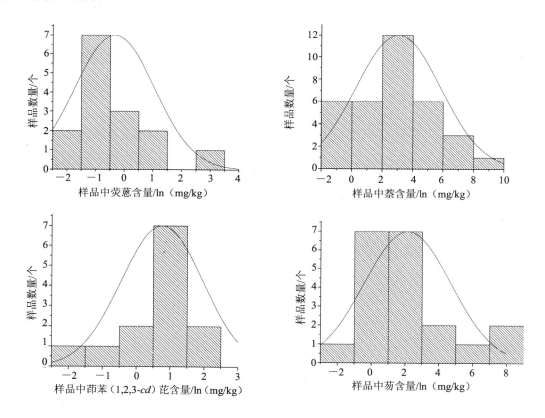

图 3-24　废矿物油中蒽、萘、茚苯芘、芴的含量频次分布

废矿物油中多环芳烃含量统计如表 3-23 所示，萘、芴和蒽的含量的平均值较高，都大于 100 mg/kg。从 95%置信区间上限值统计，萘、芴、菲和苊烯较高，都大于 100 mg/kg。

表 3-23　废矿物油中多环芳烃含量　　　　　　　　　单位：mg/kg

形态	污染物	平均值	范围	95%置信区间上限值	频数最大分布区间
液态	萘	422	0.2～7 210	734	7.4～54
	苊烯	46	0.6～218	103	2.7～7.4
	苊	32	0.24～201	66	14.8～41.4
	芴	207	0.1～2 300	222	0.4～20
	菲	78	0.3～1 000	160	33～90
	蒽	100	0.2～1 474	89	1～7.4
	荧蒽	2.8	0.1～30	4.2	0.2～0.6
	芘	10	0.2～46	26	12～72
	苯并[a]蒽	3	0.1～14	8.4	0.08～2.0
	苯并[a]芘	4.7	0.1～16	20	2.7～20
	茚苯[1,2,3-cd]芘	3.4	0.1～8.7	10	1.7～4.5
	二苯并[a,h]蒽芘	2.2	0.2～4.6	4.2	1～2
	苯并[g,h,i]苝	0.6	0.2～1.5	1.1	0.2～0.4
含油废水处理污泥	萘	280	10.2～5 210	—	—
	芴	85	1.1～330	—	—
	蒽	35	2.2～474	—	—
	芘	2.5	0.8～36	—	—

虽然萘在样品中的平均含量较高，但频数最大的浓度区间却不大（7.4～54 mg/kg），这也说明萘在样品中的分布不均匀，样品间的差异可以达到数万倍（0.2～7 210 mg/kg）。

3.1.4　废酸废碱中污染物识别

3.1.4.1　污染物识别

废酸废碱成分因其产生工艺的不同而有所变化，根据现场调研结果确定不同来源废酸废碱中的目标污染物。本次调研选定了四种典型用酸工艺，分别是晶片制造去杂质、精密仪器钝化、酸提纯过程、酸洗工艺。

晶片制造业工艺。废酸产生的环节是 98.5%的浓硫酸酸洗晶片去胶，这里用到的胶一般是 UV1001 光敏胶，产生的废酸浓度为 80%左右，含有少量浓硫酸氧化胶后产生的碳，含有在晶片切割时混入的微量重金属，废酸纯度较高、浓度较大。

精密仪器钝化。浓硝酸浸泡目的是在制造的精密仪器表面形成一层致密的氧化膜，防止精密仪器表面金属被腐蚀，保护仪器，产生的浓硝酸 30 mol/L，纯度高、浓度大。

酸提纯过程。将工业浓硫酸加热蒸发，再与水混合制备不同浓度的硫酸。蒸发仪器中有与大气相通的通气孔，少量浓硫酸从通气孔液化排出，纯度大、浓度较高（氢离子浓度 15 mol/L）。

上述三种来源的废酸的特点是产生浓度和纯度都高，杂质少，不含有机成分，重金属含量较低。

电镀酸洗也是废酸的主要产生来源，主要用于电镀前除锈和电镀后清洗，目的是为了使镀件表面更加整齐光滑。这类清洗废酸的特点是废酸浓度在 0.7～6 mol/L，重金属含量较高，为 10^2～10^3 mg/L。

通过以上不同类别的废酸废碱中目标污染物的识别分析可知，不同类别的废酸废碱目标污染物种类有一定差异，但总体而言，废酸碱中主要目标污染物（除了酸碱本身）主要为重金属，包括 Cu、Cd、Zn、Mn、Ni、Cr、Pd、Sn 等。

根据废酸废碱中初步确定的目标污染物，对采集的样品进行测试分析，分析项目为 pH 和重金属总量。

3.1.4.2 污染物浓度

对现场采集的 33 个废酸废碱样本（废酸样本 24 个，废碱样本 9 个）进行测试分析，包括重金属总量和 H^+、OH^- 浓度值。对测试结果统计分析获得废酸废碱中重金属浓度的分布和 pH 值的分布水平。

（1）重金属总量分布

根据分析结果发现，废酸中主要重金属污染物包括 Pb、Cu、Zn 和 Ni（表 3-24），结果显示，除个别废酸中重金属污染物浓度很高，多数废酸中重金属含量均较低，含量主要分布范围在 1～11 mg/L。

表 3-24 废酸中重金属含量分布 单位：mg/L

污染物	Pb	Cu	Zn	Ni
平均值	9.64	8 946	310.6	36.82
分布范围	0.06～35.36	1.13～159 420	1.1～2 459.8	1.69～352.75
频数最大分布区间	4～10	2～9	1～10	2～11

而废碱的 9 个样本中只有一个样本检出重金属 Zn，且含量较低，小于 200 mg/L，其他样本均未检出重金属，这说明废碱中重金属不是主要污染物。

（2）H^+、OH^- 浓度

废酸 H^+ 浓度和废碱中 OH^- 浓度统计结果（表 3-25）表明，废酸中 H^+ 浓度随工艺不同变化较大，而废碱中 OH^- 浓度变化不大。

表 3-25 废酸废碱中 H^+、OH^- 浓度值分布 单位：mol/L

污染物	平均值	分布范围	频数最大分布区间
废酸中 H^+ 浓度	5.78	0.000 06～33	1～7
废碱中 OH^- 浓度	0.11	0.001～0.33	0.001

（3）废酸、废碱特性

废酸、废碱的特性与来源有关（表 3-26），晶片制造业的废酸浓度、纯度较高，有较高的综合利用价值。

表 3-26　不同来源废酸废碱污染特性

行业来源	废物	氢离子浓度	重金属含量特点	特点
晶片制造业	浓硫酸	30 mol/L 左右	重金属种类少含量低，一般不超过 10 mg/L	废酸浓度高，纯度大，重金属含量低小于 10 mg/L
钝化	废硝酸、硫酸	15～30 mol/L	重金属含量低，10 mg/L 以下	
酸洗	废酸	1.6～6 mol/L	重金属含量较高，一般是 500～1 000 mg/L	废酸 H^+ 浓度在 0.7～6 mol/L，重金属含量 10^2 ～10^3 mg/L
废洗涤剂	废酸性清洗剂	pH=1 左右	生产过程中要加入氧化锌、铬酐、氧化锰、硝酸镍等，因此含有这几种重金属，并且 Zn 含量较高达到 10^3 mg/L，Ni 含量达到 10^2 mg/L	pH 在 1 左右，重金属含量高达 10^3 mg/L
碱洗	废碱	pH=9 至 pH=14	重金属含量不高，小于 200 mg/L	氢氧根离子浓度不大，重金属含量低

3.2　危险废物豁免管理风险评价的暴露场景构建

暴露场景是决定危险废物环境风险的重要因素，即便是同一种危险废物，在不同的暴露场景中风险也会有较大差异。只有在建立典型暴露场景的前提下，才能对危险废物中危害组分的暴露途径进行分析，从而开展风险评价。因此，在对试点城市危险废物产生企业管理现状调查的基础上，对调查数据进行统计分析，建立危险废物管理中的几种典型暴露场景。建立暴露场景的指标主要有区域环境参数，如包气带厚度、含水层厚度、地下水流速等；废物在各环节的管理方式，如废物包装方式、防渗设施等；对暴露途径产生影响的周边环境介质（特别是敏感点）分布状况等。

3.2.1　贮存环节暴露场景建立

根据试点城市典型危险废物贮存环节污染环境关键环节初步识别的结果，危险废物贮存环节的暴露场景可分为两种：通过地下水途径和空气途径对人体健康造成风险。

3.2.1.1　基于地下水迁移扩散的暴露场景

3MRA 是对污染物经多介质（地表水、地下水、土壤、大气和生物）迁移释放后，与多受体（人群）经多种途径吸入（大气、淋浴）、摄入（食物、地下水）和接触（土壤、地表水、地下水）后产生风险的评价模型。原则上，应计算单一关注污染物经单一和所有暴露途径的致癌风险和非致癌风险。但现场调研发现，企业贮存场所产生的沥滤液都有收集系统，因此污染地表水的风险较小；人体暴露途径主要是吸入（挥发性有机物）或者摄入（地下水）。因此，确定电镀污泥在贮存环节的污染介质主要是地下水，暴露途径主要是吸入（挥发性有机物）和饮水摄入。

在得到豁免的前提下，最不利的情景是将固态废物置于开放堆存场中，且无防渗措施，废物中的污染物在降雨的淋滤作用下被释放，进而污染地下水，造成人体健康风险（图 3-25）。

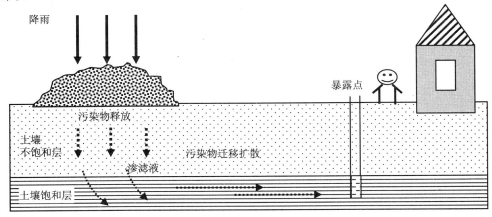

图 3-25　暴露场景概念图

建立该暴露场景需要废物堆存场所处区域的地质、环境参数，包括：土壤包气带厚度，地下水含水层厚度，地下水流速；当地年均降雨量；环境敏感点与危险废物贮存场距离；此外，还需要废物管理信息以及废物特性等参数，包括贮存场平面尺寸，废物中污染物总量、浸出浓度，废物的干湿密度，含水率等。

该场景适用于电镀污泥、染料涂料类废物（固态）、废矿物油类废物（固态）在贮存环节通过饮用水途径对人体健康造成的风险评价。

3.2.1.2　基于大气扩散暴露场景

在得到豁免的前提下，含挥发性有机污染物的固、液态废物置于开放或半封闭堆存场中，废物中的有机物污染物因挥发作用释放进入大气，在大气中经迁移扩散后，通过呼吸途径对人体健康造成风险（图 3-26）。

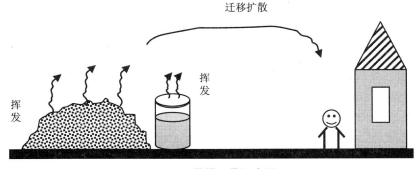

图 3-26　暴露场景概念图

建立该暴露场景需要废物堆存场所处区域的大气环境参数，包括：当地年平均风速、年均总云量；当地气象站海拔高度；危险废物贮存场与环境敏感点的距离。此外，还需要废物管理信息和废物特性等参数，包括：贮存场平面尺寸，有机物污染物的挥发特性，废物中有机物污染物总量，废物的干湿密度，含水率等。

该场景适用于含挥发性有机污染物的染料涂料类废物（固态和液态）和废矿物油类废物（固态和液态）在贮存环节通过呼吸途径对人体健康造成的风险评价。

3.2.2 运输环节暴露场景建立

在得到豁免的前提下，危险废物可以与一般工业固体废物或生活垃圾混合进行运输。目前缺乏一般工业废物或生活垃圾运输事故率的统计数据，但在试点城市危险废物运输管理调研发现，超过50%的企业产生的废物运输过程将经过水文敏感点，因此运输车辆发生交通事故后，在最不利的情景下，运输的废物泄漏进入河流，废物中的污染物浸出进入水体，经扩散迁移至饮用水的取水口，对人体健康产生风险（图3-27）。

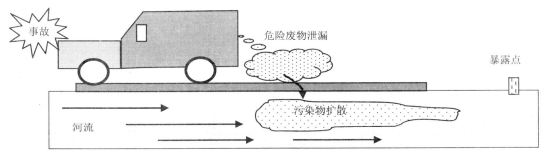

图 3-27　运输环节暴露场景概念图

建立该暴露场景需要废物运输路线周边的河流湖泊的水文参数，包括水流速度、水体深度、宽度等，以及最近取水口距事故发生地点的距离，废物的年运输量，废物单次最大运输量，发生重大交通事故的概率、包装泄漏的概率等。

废油漆油墨、漆渣、染料涂料废溶剂和液态废矿物油在运输途中若发生事故翻车被倾倒进入地表水后，由于废物会漂浮在水面上，不可能被人饮用，因此该场景适用于固态类废物，如电镀污泥、固态染料涂料类废物、含油废水处理污泥类废物，通过饮用水途径对人体健康造成的风险评价。

3.2.3 处置环节暴露场景建立

在得到豁免的前提下，少量危险废物将进入工业固体废物贮存/处置场，或者生活垃圾填埋场进行处置。在工业固体废物贮存/处置场，暴露场景与贮存环节类似，此处不再赘述。少量危险废物进入生活垃圾填埋场进行填埋处置，废物中的有害成分会因渗滤液的淋滤而被溶出，在最不利的情景下，污染组分迁移至土壤饱和层，并经土壤饱和层的衰减作用，迁移扩散至取水井（图 3-28）。根据《生活垃圾填埋场污染控制标准》中的有关规定：填埋作业应分区、分单元进行，不运行作业面应及时覆盖，不得同时进行多作业面填埋作业或不分区全场敞开式作业。每天填埋作业结束后，应对作业面进行覆盖；特殊气象条件下应加强对作业面的覆盖。此外，考虑填埋场中垃圾的湿度（降雨或垃圾本身的含水率造成）以及危险废物进场后会被其他进场的垃圾所覆盖等因素，因风蚀导致废物中的有害物通过呼吸途径对人体健康造成的危害较小。因此，本研究中主要开展危险废物进入生活垃圾填埋场通过地下水造成人体健康风险的评价。

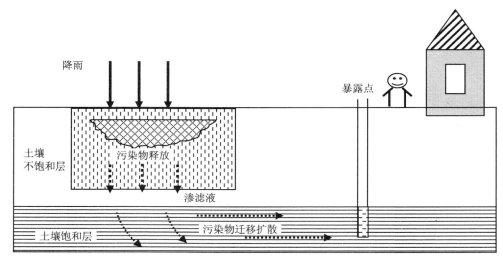

图 3-28 填埋处置暴露场景概念图

建立该暴露场景需要如下参数：包括填埋场的面积、填埋深度、使用年限；填埋场所处区域的地质和环境参数，包括：土壤包气带厚度，地下水含水层厚度，地下水流速；当地年均降雨量；危险废物的填埋量及整个填埋场的填埋量等；取水井与填埋场的距离。

该场景适用于固态废物，如电镀污泥、固态染料涂料类废物和含油废水处理污泥类废物，通过饮用水途径对人体健康造成的风险评价。

3.3 危险废物豁免管理各环节的风险识别研究

3.3.1 风险评价模型参数获取

模型参数的获取对利用暴露评价模型计算暴露点污染物的暴露浓度非常重要。根据模型参数适用性的大小，可将参数分为三种类型，即共性参数、区域参数和场地特性参数。共性参数的适用性最广，这部分参数主要通过现场采集大量的废物，经分析测试后并进行统计，得到能反映废物基本属性的一些特性参数，如废物中污染物含量、浸出毒性、密度等。区域参数的适用性其次，主要指能反映某一区域（如城市、地区）的环境参数，如场地年平均风速、地下水流速、包气带厚度等。场地特性参数适用性最窄，如危险废物贮存场的尺寸、废物贮存高度、废物暴露点与受体的距离等，这部分参数与废物的暴露场地密切相关，随机性较大，风险评价过程中需要具体获取。

废物性质参数主要通过现场采集废物样品后分析测试，并应用统计学方法统计获得，具体见 4.1 中典型危险废物危害识别。区域参数主要通过现场调研，包括查阅企业、填埋场环评报告和地勘报告，向试点城市的水文局、气象局收集相关河流、湖泊的水文信息和当地的气象信息，也可通过查阅文献来获取相应的区域信息。场地特性参数主要通过对试点城市产废企业的现场调研获得，为了建立典型暴露场景，对调研获取的场地数据进行了统计分析，获得典型暴露场景的场地特性参数。以贮存场面积，贮存场距环境敏感点距离的统计过程为示例：

贮存面积：对电镀污泥贮存场的尺寸做频次分布图（图 3-29 和图 3-30），结果显示贮存场的长和宽均呈正态分布，并取位于置信区间 95%区域内的上限值作为贮存场所长和宽的统计值，分别为 5.75 m 和 4.75 m。

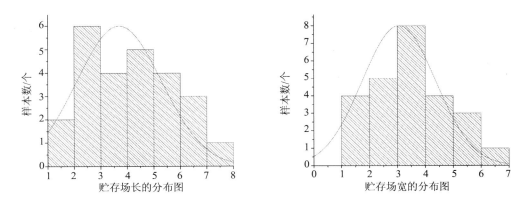

图 3-29　贮存场的长度、宽度频次分布

贮存场距敏感点距离：对贮存场与环境敏感点距离的数据做统计分析，进行正态性检验，并取位于置信区间 95%区域内的下限值作为贮存场距敏感点最小距离的统计值，为 300 m。

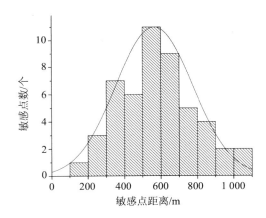

图 3-30　贮存场与环境敏感点距离频次分布

根据上述的参数获取途径，获得了不同类型的模型参数及典型危险废物中污染物含量、浸出毒性（表 3-27～表 3-35）。

表 3-27　污染物在不同介质中的迁移模型及模型参数

序号	模型	符号	名称	单位	模型参数参考值	参考值来源
1	包气带： $$R\frac{\partial C_i}{\partial t}=D\frac{\partial^2 C_i}{\partial Z^2}-u\frac{\partial C_i}{\partial Z}-K_i\cdot C_i$$	Z	包气带厚度	m	1.0（填埋场） 1.5（贮存场）	《生活垃圾填埋场污染控制标准》、《一般工业固体废物贮存、处置场污染控制标准》*
2		ρ_b	土壤容重	g/cm³	1.65	粉砂壤土
3		θ_s	土壤的饱和体积含水率	%	0.45	粉砂壤土
4		K	水力传导率	cm/s	1.0×10^{-7}	现场调研统计
5		h	年均渗滤液深度	m	1.1	同年均降雨量
6		S	填埋面积	m²	4×10^4	现场调研统计
7		L	填埋场使用深度	m	20	现场调研统计
8		b	含水层厚度	m	5.0（填埋场） 6.0（贮存场）	场地地勘报告
9	含水层： $$\frac{\partial C_{wi}}{\partial t}=D_x\frac{\partial^2 C_{wi}}{\partial x^2}+D_y\frac{\partial^2 C_{wi}}{\partial y^2}-u\frac{\partial C_{wi}}{\partial x}-\lambda C_{wi}+\frac{I}{n}$$	L_s	污染物运移距离（渗漏点与暴露点距离）	m	300（贮存场） 500（填埋场）	现场调研统计
10		u	地下水流速	m/d	0.5	场地地勘报告
11		Y	填埋场使用年限	a	24	现场调研统计
12		H	途经主要河流水深	m	4.5	当地水文局
13		B	途经主要河流平均宽度	m	14	现场调研统计
14		u	途经主要河流流水流平均速度	m/s	0.5	现场调研统计
15	地表水模型： $$\frac{\partial C_i}{\partial t}+u_x\frac{\partial C_i}{\partial x}+u_y\frac{\partial C_i}{\partial y}+u_z\frac{\partial C_i}{\partial z}=E_x\frac{\partial^2 C_i}{\partial x^2}+E_y\frac{\partial^2 C_i}{\partial y^2}+E_z\frac{\partial^2 C_i}{\partial z^2}+\sum S-kC_i$$	l	评价距离	m	1 000	公路建设项目环境影响评价规范 JTG B03—2006 中规定，公路线跨越水体时，水体下游评价范围为 1 000m
16		T	废物运输量	t/次	5	现场调研统计

序号	模型	模型参数			模型参数参考值	参考值来源
		符号	名称	单位		
17	大气模型：$$C = \frac{QK}{2\pi V_a}\frac{VD}{\sigma_y \sigma_z}\int_x\left[\int_y \exp\left[-0.5\left(\frac{y}{\sigma_y}\right)^2\right]dy\right]dx$$	V_a	场地平均风速	m/s	1.1	现场调研统计
18		H_0	场地海拔高度	m	250	现场调研统计
19		H_0'	气象站海拔高度	m	377.6	现场调研统计
20		Z'	受体高度	m	1.6	现场调研统计
21		x'	场地长	m	3	现场调研统计
22		y'	场地宽	m	2	现场调研统计
23		L	下风向受体与释放点距离	m	300	现场调研统计
24		ρ	废物密度	kg/m³	730（废油墨油漆） 292（废漆渣） 800（废矿产物油）	样品测试
25		h'	废物高度	m	1.2（废油墨油漆） 0.6（漆渣） 1.2（废矿产物油）	现场调研统计

注：*为确定标准化参数，此处取国家相关标准的最小值。

表 3-28　电镀污泥中污染物种类和浓度

序号	污染物种类		含量/（mg/kg）	醋酸浸出毒性/（mg/L）	硫酸硝酸浸出毒性/（mg/L）
1	Cd	平均值	19	0.33	0.026
2		95%置信区间上限值	73	0.87	0.05*
3	Cr	平均值	985	1.19	0.14
4		95%置信区间上限值	295	4.57*	0.34*
5	Cu	平均值	7 700	22.97	1.05
6		95%置信区间上限值	15 888	67.00*	2.99
7	Ni	平均值	8 635	184	5.67
8		95%置信区间上限值	19 356	379	7.90*
9	Pb	平均值	60	1.31	0.23
10		95%置信区间上限值	151	5*	0.39
11	Zn	平均值	1 932	14.74	1.35
12		95%置信区间上限值	5 538*	54	0.76
13	Ba	平均值	44	0.15	0.038
14		95%置信区间上限值	44	0.31	0.083
15	CN⁻	平均值	11	0.021	0.97
16		95%置信区间上限值	34	0.047	0.59
17	F⁻	平均值	—	2.4	2.9
18		95%置信区间上限值	—	7.37	8.06

注：* 样本数≥10，统计数据不呈正态分布，取百分位数为 90 的值；样本数<10，取中位数的值。

表 3-29　染料涂料废物中污染物种类和浓度（废水处理污泥）

序号	污染物种类		含量/（mg/kg）		
			平均值	95%置信区间上限值	中位数
1	重金属	Ba	794		441
2		Cd	0.43	0.64	
3		Co	12.4		2
4		Cr	5.6	10.1	
5		Cu	48.8	81.3	
6		Mn	250.4		43.6
7		Pb	6.04	11.2	
8		Zn	36.7	66.3	
9	苯系物	甲苯	17.7		41
10		二甲苯	36.4		1
11		三甲苯	0.94		2.6
12	多环芳烃	萘	579		
13		苊	34		
14		蒽	12		

序号	污染物种类		含量/（mg/kg）		
			平均值	95%置信区间上限值	中位数
15	多环芳烃	荧蒽	31		
16		芘	107		
17		苯并[a]蒽	2.9		
18		䓛	43		
19		苯并[b]荧蒽	5		
20		苯并[k]荧蒽	2.4		
21		苯并[a]芘	9.2		
22	酯类	乙酸乙酯	2.6		2.6
23	邻苯二甲酸酯类	邻苯二甲酸（2-乙基己基酯）	9.5		

表 3-30　染料涂料废物中污染物种类和浓度（漆渣）

序号	污染物种类		含量/（mg/kg）		
			平均值	95%置信区间上限值	中位数
1	重金属	Ba	5.2		1.0
2		Cd			
3		Co	73.7		2
4		Cr	181		467
5		Cu	7.1	22.6	
6		Mn	10.2	22.1	
7		Pb	10.1	23.5	
8		Zn	55.8	164	
9	苯系物	苯	0.55	1.13	
10		甲苯	1.6	6.44	
11		二甲苯	14.21	46.6	
12		三甲苯	7.73	22.6	
13		苯乙烯	3.48		5.0
14	酯类	乙酸乙酯	2.33	4.54	
15	邻苯二甲酸酯类	邻苯二甲酸（2-乙基己基酯）	42.67	96.28	
16		邻苯二甲酸二丁酯	6.19	18.05	
17		邻苯二甲酸丁苄酯	13.6		10
18		邻苯二甲酸二乙酯	5.41		10
19	酚类	苯酚	10.98		10
20		邻甲酚	9.29		10

表 3-31 染料涂料废物中污染物种类和浓度（废油墨油漆）

序号	污染物种类		含量/（mg/kg）		
			平均值	95%置信区间上限值	中位数
1	重金属	Ba	3.8		9.8
2		Cd	0.62		0.1
3		Co	0.71		0.7
4		Cr	3.94		1
5		Cu	10.03	34.08	
6		Mn	0.62		0.85
7		Pb	8.73		2
8		Zn	18		39.12
9	苯系物	苯	6.03	13.55	
10		甲苯	33	95	
11		二甲苯	12 582.6	47 581	
12		三甲苯	17	57	
13		苯乙烯	6.76		5.0
14	酯类	乙酸乙酯	10.6	10.3	
15	丙烯酸类	甲基丙烯酸甲酯	7.48		5
16	多环芳烃	萘	47.2		47.2
17		荧蒽	0.4		0.4
18	邻苯二甲酸酯类	邻苯二甲酸二丁酯	7.58	28.28	
19		邻苯二甲酸二乙酯	4.73		5.3
20	酚类	苯酚	12.02		10
21		邻甲酚	10		0.5
22	其他	丙酮	2		2
23		甲醛	55		55

表 3-32 染料涂料废物中重金属浸出毒性浓度   单位：mg/L

毒性类别	废物类别	Ba	Co	Cr	Pb	Cu	Zn
硝酸硫酸浸出毒性	废水处理污泥	1.324	0.02	0.01	0.65	0.65	1.99
	漆渣	0.008	0.032	0.467	0.024	1.33	4.94
	废油墨油漆	0.010	0.011	0.001	0.27	0.002	0.391
醋酸浸出毒性	废水处理污泥	4.41	0.16	0.3	10.57	0.45	39.8
	漆渣	0.010	0.160	14.01	2.94	0.941	98.7
	废油墨油漆	0.098	0.056	0.030	4.43	0.080	23.47

表 3-33　含油废水处理污泥中重金属种类和浓度

序号	污染物种类		含量/（mg/kg）	醋酸浸出毒性/（mg/L）	硝酸浸出毒性/（mg/L）
1	Cu	平均值	163.74	3.1	0.11
2		95%置信区间上限值	—	—	—
3	Zn	平均值	107.17	53	0.81
4		95%置信区间上限值	—	—	—
5	Ni	平均值	13.18	5.29	0.19
6		95%置信区间上限值	—	—	—
7	Cr	平均值	93.98	5.17	0.044
8		95%置信区间上限值	—	—	—
9	Pb	平均值	30.57	2.13	0.03
10		95%置信区间上限值	—	—	—

表 3-34　含油废水处理污泥中有机物污染物种类和浓度

序号	污染物种类		含量/（mg/kg）	
			平均值	95%置信区间上限值
1	苯系物	苯	268	—
2	多环芳烃	萘	280	—
3		芴	85	—
4		蒽	35	—
5		芘	2.5	—

表 3-35　液态废矿物油中污染物种类和浓度

序号	污染物种类		含量/（mg/kg）	
			平均值	95%置信区间上限值
1	重金属	Cu	42.62	29
2		Zn	229.71	109
3		Ni	9.69	20.5
4		Cr	13.13	15.3
5		Pb	8.41	6.79
6	苯系物	苯	308.89	910
7		甲苯	230.79	763.61
8		苯乙烯	959.37	2 924.09
9		三甲苯	505.13	1 938.29
10		乙烯基甲苯	108.42	243.35
11		二甲苯	749.78	2 347.17
12	多环芳烃	萘	422	734
13		苊烯	46	103
14		苊	32	66
15		芴	207	222
16		菲	78	160
17		蒽	100	89

序号	污染物种类		含量/（mg/kg）	
			平均值	95%置信区间上限值
18	多环芳烃	荧蒽	2.8	4.2
19		芘	10	26
20		苯并[a]蒽	3	8.4
21		苯并[a]芘	4.7	20
22		茚苯[1,2,3-cd]芘	3.4	10
23		二苯并[a,h]蒽芘	2.2	4.2
24		苯并[g,h,i]苝	0.6	1.1

3.3.2 电镀污泥风险评价

3.3.2.1 贮存环节风险评价

（1）暴露场景

电镀污泥贮存在开放环境且防渗条件较差的前提下，电镀污泥中的污染物主要是经沥滤和降雨淋滤后经地下水途径与人体接触。因此，电镀污泥贮存环节的风险评价暴露场景采用基于地下水迁移扩散的暴露场景。

（2）暴露模型及参数

电镀污泥典型贮存场景下污染物在土壤包气带及地下水层中的迁移扩散计算采用第 3 章建立的污染物在不同环境介质中的迁移扩散模型。模型参数及其暴露场景建立所需的参数通过对试点城市产废企业现场调查，及样品分析测试的结果经统计分析后获得（表 3-36、表 3-37）。人体健康风险评价模型采用人体健康风险表征模型，包括致癌风险和非致癌风险。

表 3-36　电镀污泥贮存环节暴露模型参数

序号	模型	模型参数			模型参数参考值
		符号	名称	单位	
1	包气带：$R\dfrac{\partial C_i}{\partial t}=D\dfrac{\partial^2 C_i}{\partial Z^2}-u\dfrac{\partial C_i}{\partial Z}-K_i\cdot C_i$	Z	厚度	m	1.5
2		ρ_b	土壤容重	g/cm³	1.65
3		θ_s	土壤的饱和体积含水率	%	0.45
4		K	水力传导率	cm/s	1.0×10^{-7}
5		S	贮存场面积	m²	5.75×4.75
6	含水层：$\dfrac{\partial C_{wi}}{\partial t}=D_x\dfrac{\partial^2 C_{wi}}{\partial x^2}+D_y\dfrac{\partial^2 C_{wi}}{\partial y^2}-u\dfrac{\partial C_{wi}}{\partial x}-\lambda C_{wi}+\dfrac{I}{n}$	b	含水层厚度	m	6
7		L_s	污染物运移距离（渗漏点与暴露点距离）	m	300
8		u	地下水流速	m/d	0.5

表 3-37 电镀污泥中重金属硫酸硝酸浸出浓度

重金属	Cd	Cr	Cu	Ni	Pb	Zn	Ba	CN⁻	F⁻
浓度/（mg/L）	0.05	0.34	2.99	7.9	0.39	0.76	0.083	0.59	8.06

（3）风险值计算结果

利用建立的迁移转化模型计算出地下水中污染物的暴露量，应用人体健康风险评价模型计算了电镀污泥贮存环节不同量级废物的人体健康风险[①]（表 3-38）。

表 3-38 电镀污泥贮存环节风险

场景	废物贮存量/（t/a）	致癌	非致癌
基于地下水迁移扩散的暴露场景	0～1	$0～9.8×10^{-7}$	0～0.69
	1～10	$9.8×10^{-7}～9.8×10^{-6}$	0.69～6.95
	10～100	$9.8×10^{-6}～9.8×10^{-5}$	6.95～69.46

结果表明，在豁免后不够严格的贮存条件下，电镀污泥的贮存量不能超过 1.0 t/a，否则其致癌风险将超过可接受的风险水平。

3.3.2.2 运输环节风险评价

（1）暴露场景

电镀污泥运输过程中发生事故，在最不利的情景下，运输的废物泄漏进入河流，废物中的污染物浸出进入水体，经扩散迁移至饮用水的取水口，对人体健康产生风险。

（2）暴露模型及参数

电镀污泥运输场景下污染物在地表水（河流）中迁移扩散计算采用第 3 章建立的污染物在地表水中的迁移扩散模型。模型参数及其暴露场景建立所需的参数通过对试点城市电镀污泥运输路线的现场调查，及样品分析测试的结果经统计分析后获得（表 3-39）。人体健康风险评价模型采用 USEPA 的人体健康风险表征模型，包括致癌风险和非致癌风险。

（3）风险值

暴露介质和途径选用 3MRA 模型中的地表水和摄入途径。根据危险废物运输企业的交通事故记录统计，2008 年企业发生的事故率为 0.081%，其中发生在运输道路上的事故率 0.045%。我国目前缺乏事故发生后危险废物泄漏率的相关统计数据，根据美国道路运输事故率统计结果，由于交通事故导致的污染物泄漏的概率为 0.090，因此本研究中发生事故并发生泄漏的概率率取 0.045%×0.09=0.004 1%。

废物每次运输最大量取运输车辆的限载量 5 t。

利用建立的污染物迁移转化模型计算出地表水中有毒有害物的暴露量，应用人体健康风险表征模型计算了电镀污泥运输环节不同量级废物的人体健康风险（表 3-40）。

[①] 贮存的场景设定见 4.3；电镀污泥中重金属浓度、浸出毒性均为样品测试结果做正态检验后 95%置信区间上限，样本量较小的取中位数；风险评价过程见 3.2，下同。

表 3-39 电镀污泥运输环节暴露模型参数

序号	模型	模型参数			模型参数
		符号	名称	单位	参考值
1	地表水模型:	H	河流水深	m	4.5
2		B	河流平均宽度	m	14
3	$\dfrac{\partial C_i}{\partial t}+u_x\dfrac{\partial C_i}{\partial x}+u_y\dfrac{\partial C_i}{\partial y}+u_z\dfrac{\partial C_i}{\partial z}=E_x\dfrac{\partial^2 C_i}{\partial x^2}+E_y\dfrac{\partial^2 C_i}{\partial y^2}+$	u	河流水流平均速度	m/s	0.5
4		l	评价距离	m	1 000*
5	$E_z\dfrac{\partial^2 C_i}{\partial z^2}+\sum S-kC_i$	M	废物运输量	t/次	5
6		P	发生事故并发生泄漏的概率	%	0.004 1
			运输距离	km	60

注：* 评价距离。

表 3-40 不同量级运输环节风险

场景	废物年产量/t	致癌	非致癌
事故引起泄漏进入地表水，通过地表水扩散对人体健康产生风险	0～1	0～5.40×10⁻⁷	0～0.002 8
	1～10	5.40×10⁻⁷～5.40×10⁻⁶	0.002 8～0.028
	10～100	5.40×10⁻⁶～5.40×10⁻⁵	0.028～0.28

结果表明，电镀污泥的运输过程中产生的环境风险随着废物产生量的增加而增加，超过 10 t 产生的风险较大。

3.3.2.3 填埋处置环节风险评价

（1）暴露场景

电镀污泥进入生活垃圾填埋场进行处置，电镀污泥中的有害成分会因渗滤液的淋滤而被溶出，在最不利的情景下，污染组分迁移至土壤饱和层，并经土壤饱和层的衰减作用，迁移扩散至暴露点。

（2）暴露模型及参数

电镀污泥中的有害成分由生活垃圾填埋场泄漏后，通过地下水造成人体健康风险评价模型采用第 3 章建立的污染物在包气带和含水层中的迁移扩散模型。模型参数及其暴露场景建立所需的参数通过对试点城市生活垃圾填埋场进行现场调查，及样品分析测试的结果经统计分析后获得（表 3-41、表 3-42）。人体健康风险表征模型采用 USEPA 的人体健康风险评价模型，包括致癌风险和非致癌风险。

（3）风险值

根据建立的填埋处置环节暴露场景，研究中主要考虑 3MRA 中通过地下水经人体摄入途径造成的风险。利用建立的污染物迁移转化模型计算出地下水中有毒有害物的暴露量，应用人体健康风险评价模型计算了电镀污泥填埋处置环节不同量级废物的人体健康风险（表 3-43）。

表 3-41　电镀污泥填埋处置暴露模型参数

序号	模型	模型参数			模型参数参考值
		符号	名称	单位	
1		Z	厚度	m	1.0
2		ρ_b	土壤容重	g/cm^3	1.65
3	包气带：	h	年均渗滤液深度	m	1.1
4	$R\dfrac{\partial C_i}{\partial t}=D\dfrac{\partial^2 C_i}{\partial Z^2}-u\dfrac{\partial C_i}{\partial Z}-K_i\cdot C_i$	θ_s	土壤的饱和体积含水率	%	0.45
5		K	水力传导率	cm/s	1.0×10^{-7}
6		S	填埋面积	m^2	40 000
7		b	含水层厚度	m	5
8	含水层： $\dfrac{\partial C_{wi}}{\partial t}=D_x\dfrac{\partial^2 C_{wi}}{\partial x^2}+D_y\dfrac{\partial^2 C_{wi}}{\partial y^2}-u\dfrac{\partial C_{wi}}{\partial x}-\lambda C_{wi}+\dfrac{I}{n}$	L_s	污染物运移距离（渗漏点与暴露点距离）	m	500
9		u	地下水流速	m/d	0.5
10		Y	填埋场使用年限	a	24

表 3-42　电镀污泥中污染物的醋酸浸出毒性　　　　　　　　　单位：mg/L

目标污染物	Cd	T-Cr	Cu	Ni	Pb	Zn	Ba	CN$^-$	F$^-$
C_T	0.87	4.57	67.00	378.89	4.96	54.00	0.31	0.047	7.37

表 3-43　不同量级填埋处置环节风险

废物名称	场景	废物填埋总量/t*	致癌	非致癌
电镀污泥	生活垃圾填埋场中污染物浸出进入地下水，通过地下水扩散对人体健康产生风险	0～1	0～6.7×10^{-9}	0.013
		1～10	6.7×10^{-9}～6.7×10^{-8}	0.013～0.13
		10～100	6.7×10^{-8}～6.7×10^{-7}	0.13～1.3

注：* 按照 24 年最大进入量计算，实际应用过程中可以平摊到每年进入量。

　　结果表明，在豁免后进行填埋共处置的条件下，电镀污泥的填埋总量不能超过 100 t，否则其非致癌风险将超过可接受的风险水平。

3.3.2.4　小结

　　同一量级的电镀污泥，贮存环节的风险最大，填埋处置次之，而运输环节最小，贮存是环境风险控制的关键环节，也是电镀污泥管理的重点环节。

　　各管理环节的风险与废物产生量呈正相关，即产生量较小其风险也相应较小。

3.3.3　染料涂料类废物风险评价

　　染料涂料类废物可分为废漆渣、废水处理污泥、废油墨油漆类废物三类。分别对这三类染料涂料废物在贮存、运输和填埋处置环节的风险进行评价。

3.3.3.1 贮存环节风险

（1）暴露场景

根据对试点城市染料涂料废物贮存现场的调研结果，废水处理污泥和漆渣大部分采用编织袋包装，部分无包装贮存，因此降雨的淋滤作用会导致污泥和漆渣中的有害成分进入土壤，经地下水迁移扩散后到达暴露点被人群摄入，并且污泥中挥发性有机物成分较低，因此污泥和漆渣的贮存环节暴露场景为基于地下水迁移扩散的暴露场景（图 3-25）。废油墨油漆均采用了桶装，主要考虑废物中的挥发性有机污染物挥发后经大气迁移被人群吸入，因此废油墨油漆类废物的暴露场景为基于大气扩散的暴露场景（图 3-26）。

（2）暴露模型及参数

污泥和漆渣在贮存场景下污染物在土壤包气带及地下水层中的迁移扩散计算采用第 3 章建立的污染物在不同环境介质中的迁移扩散模型。模型参数及其暴露场景建立所需的参数通过对试点城市产生企业贮存管理现状的现场调查，及样品分析测试的结果经统计分析后获得（表 3-44、表 3-45）。人体健康风险评价人体健康风险表征模型，包括致癌风险和非致癌风险。

表 3-44　染料涂料废物贮存环节暴露模型参数

序号	模型	模型参数			模型参数参考值
		符号	名称	单位	
1	包气带：	Z	厚度	m	1.5
2		ρ_b	土壤容重	g/cm^3	1.65
3	$R\dfrac{\partial C_i}{\partial t}=D\dfrac{\partial^2 C_i}{\partial Z^2}-u\dfrac{\partial C_i}{\partial Z}-K_i\cdot C_i$	θ_s	土壤的饱和体积含水率	%	0.45
4		K	水力传导率	cm/s	1.0×10^{-7}
5	含水层：	b	含水层厚度	m	6
6	$\dfrac{\partial C_{wi}}{\partial t}=D_x\dfrac{\partial^2 C_{wi}}{\partial x^2}+D_y\dfrac{\partial^2 C_{wi}}{\partial y^2}-u\dfrac{\partial C_{wi}}{\partial x}-\lambda C_{wi}+\dfrac{I}{n}$	L_s	污染物运移距离（渗漏点与暴露点距离）	m	300
7		u	地下水流速	m/d	0.5
8		T	废物运输量	t/次	5
9	大气模型：	V_a	场地平均风速	m/s	1.1
10		H_0	场地海拔高度	m	250
11		H_0'	气象站海拔高度	m	377.6
12		Z'	受体高度	m	1.6
13		x'	场地长	m	3
14		y'	场地宽	m	2
15	$C=\dfrac{QK}{2\pi V_a}\displaystyle\int_x\dfrac{VD}{\sigma_y\sigma_z}\left\{\int_y\exp\left[-0.5\left(\dfrac{y}{\sigma_y}\right)^2\right]\mathrm{d}y\right\}\mathrm{d}x$	L	下风向受体与释放点距离	m	300
16		ρ	废物密度	kg/m^3	730（废油墨油漆）292（漆渣）
17		h'	废物高度	m	1.2（废油墨油漆）0.6（漆渣）

表 3-45　染料涂料废物硝酸浸出浓度　　　　　　　　　　　　单位：mg/L

废物类别	Ba	Co	Cr	Pb	Cu	Zn
废水处理污泥	1.324	0.02	0.01	0.65	0.65	1.99
漆渣	0.008	0.032	0.467	0.024	1.33	4.94

表 3-46　废油墨油漆中有机污染物含量　　　　　　　　　　　单位：mg/kg

污染物	苯	甲苯	二甲苯	三甲苯	苯酚	邻甲酚	丙酮	甲醛
浓度	13.55	94.89	47 581	57.5	10	0.5	2	55

污染物	苯乙烯	乙酸乙酯	甲基丙烯酸甲酯	萘	荧蒽	邻苯二甲酸二丁酯	邻苯二甲酸二乙酯
浓度	5	10.3	5	47.2	0.4	28.28	5.3

（3）风险值计算

根据建立的贮存环节暴露场景，研究中主要考虑 3MRA 中通过地下水经人体摄入途径和通过大气迁移被人体吸入途径造成的风险。不同类别的染料涂料类废物，在不同管理方式及其不同产生量下致癌和非致癌风险见表 3-47。

表 3-47　染料涂料类废物在贮存环节的风险

废物名称	贮存场景	贮存量/（t/a）	致癌	非致癌
污泥	基于地下水迁移扩散的暴露场景	0~1	0~1.90×10^{-3}	0~2.39
漆渣	基于地下水迁移扩散的暴露场景	0~1	0~3.50×10^{-5}	0~0.54
		1~10	3.50×10^{-5}~3.50×10^{-4}	0.54~5.37
	基于大气扩散暴露场景	0~1	0~1.45×10^{-5}	0~6.0×10^{-3}
		0~10	1.45×10^{-5}~1.45×10^{-4}	6.0×10^{-3}~6.0×10^{-2}
废油墨油漆（产品类）	基于大气扩散暴露场景	0~1	2.90×10^{-6}	0~1.20×10^{-3}
		1~10	2.90×10^{-6}~2.90×10^{-5}	1.20×10^{-3}~1.20×10^{-2}

表 3-47 显示，染料涂料类废物在贮存环节，若未严格按危险废物管理标准进行贮存（包装、有防渗等），即使是较小的数量，其致癌风险均大于可接受的风险值（10^{-6}），可见，贮存环节的管理不善容易对人体健康带来危害。对于同一量级的染料涂料类废物，通过地下水带来人体健康风险要明显高于通过空气带来的风险，可见，因渗漏而导致对地下水的污染是废物贮存过程中的污染控制的关键环节，防渗应是染料涂料类废物贮存过程中风险控制的重要措施。

3.3.3.2　运输环节风险

（1）暴露场景

染料涂料废物运输过程中发生事故，在最不利的情景下，运输的染料涂料废物倾倒进入河流，其中的污染物被溶出，在水体中扩散迁移至饮用水的取水口被人饮用后对人体健康产生风险。废油墨油漆和废漆渣不溶于水，且因密度小于水而易漂浮于水面，因此发生事故后容易被发现，从而避免人体摄入有害物。因此，染料涂料废物运输环节的风险评价的重点在于废水处理污泥。

同时，对废油漆油墨和废漆渣发生火灾事故后的热辐射风险值进行计算，计算结果显示，废油漆油墨和废漆渣在运输环节发生火灾后不会对人体产生重伤风险（最不利条件下风险值为 7.34×10^{-8}）。因此，本研究对废油漆油墨和废漆渣运输环节的火灾风险不做重点研究。

（2）暴露模型及参数

运输场景下污染物在地表水（河流）中迁移扩散计算采用第 3 章建立的地表水迁移扩散模型。模型参数及其暴露场景建立所需的参数通过对试点城市运输路线的现场调查，及样品分析测试的结果经统计分析后获得（模型参数同电镀污泥运输环节风险计算，染料涂料废水处理污泥中的污染物含量见表 3-48、表 3-49）。人体健康风险评价模型采用 USEPA 的人体健康风险表征模型，包括致癌风险和非致癌风险。

表 3-48　染料涂料废物（污泥）中重金属含量　　　　单位：mg/kg

污染物	Ba	Cd	Co	Cr	Cu	Pb	Zn
含量	441	0.64	2	10.1	81.3	11.2	66.3

表 3-49　染料涂料废物（污泥）中有机污染物含量　　　　单位：mg/kg

污染物	甲苯	二甲苯	三甲苯	乙酸乙酯	菲	苯并[b]荧蒽	苯并[k]荧蒽	苯并[a]芘
含量	41	1	2.6	2.6	43	5	2.4	9.2
污染物	邻苯二甲酸二（2-乙基己基）酯	萘	芴	蒽	荧蒽	芘	苯并[a]蒽	
含量	9.5	579	34	12	31	107	2.9	

（3）风险值

暴露介质和途径选用 3MRA 模型中的地表水和摄入途径。根据危险废物运输企业的交通事故记录统计，2008 年企业发生的事故率为 0.081%，其中发生在运输道路上的事故率为 0.045%。我国目前缺乏事故发生后危险废物泄漏率的相关统计数据，根据美国道路运输事故率统计结果，由于交通事故导致的污染物泄漏的概率为 0.090，因此本研究中发生事故并发生泄漏的概率率取 0.045%×0.09=0.004 1%。

废物每次运输最大量取运输车辆的限载量 5 t。

利用建立的污染物迁移转化模型计算出地表水中有毒有害物的暴露量，应用人体健康风险表征模型计算了染料涂料废物运输环节不同量级废物的人体健康风险（表 3-50）。

计算方法同电镀污泥。计算结果列于表 3-50。

表 3-50　不同量级染料涂料废水处理污泥运输环节风险

废物年产量/t	致癌	非致癌
0～1	0～0.25×10^{-29}	0～0.20×10^{-20}
1～10	0.25×10^{-29}～0.25×10^{-28}	0.20×10^{-20}～0.20×10^{-19}
10～100	0.25×10^{-28}～0.25×10^{-27}	0.20×10^{-19}～0.20×10^{-18}

结果表明，染料涂料废物（污泥）在运输环节的毒性风险较小。

3.3.3.3　填埋处置环节风险

（1）暴露场景

染料涂料废物进入生活垃圾填埋场进行处置，废物中的有害成分会因渗滤液的淋滤而被溶出，在最不利的情景下，污染组分迁移至土壤饱和层，并经土壤饱和层的衰减作用，迁移扩散至暴露点。

（2）暴露模型及参数

染料涂料废物中的有害成分溶出后，经由防渗层泄漏后进入地下水造成人体健康风险，评价模型采用第 3 章建立的包气带和含水层中的污染物迁移扩散模型。模型参数及其暴露场景建立所需的参数通过对试点城市生活垃圾填埋场进行现场调查，及样品分析测试的结果经统计分析后获得（模型参数同电镀污泥填埋处置环节，染料涂料中有害成分见表 3-51、表 3-52）。人体健康风险表征模型采用 USEPA 的人体健康风险评价模型，包括致癌风险和非致癌风险。

表 3-51　染料涂料中重金属醋酸浸出毒性浓度　　　　　　　　　　单位：mg/L

废物类别	Ba	Co	Cr	Pb	Cu	Zn
废水处理污泥	4.41	0.16	0.3	10.57	0.45	39.8
漆渣	0.010	0.160	14.01	2.94	0.941	98.7
废油墨油漆	0.098	0.056	0.030	4.43	0.080	23.47

表 3-52　染料涂料废物（污泥）中有机污染物含量　　　　　　　单位：mg/kg

污染物	甲苯	二甲苯	三甲苯	乙酸乙酯	蒽	苯并[b]荧蒽	苯并[k]荧蒽	苯并[a]芘
含量	41	1	2.6	2.6	43	5	2.4	9.2
污染物	邻苯二甲酸二（2-乙基己基）酯	萘	芴	蒽	荧蒽	芘	苯并[a]蒽	
含量	9.5	579	34	12	31	107	2.9	

表 3-53　染料涂料废物（废漆渣）中有机污染物含量　　　　　　单位：mg/kg

污染物	苯	甲苯	邻苯二甲酸二丁酯	邻苯二甲酸丁苄酯	邻苯二甲酸二乙酯	苯酚
含量	1.13	6.44	18.05	10	10	10
污染物	二甲苯	三甲苯	苯乙烯	乙酸乙酯	邻苯二甲酸二（2-乙基己基）酯	邻甲酚
含量	46.6	22.6	5	4.54	96.28	10

（3）风险值

根据建立的填埋处置环节暴露场景，研究中主要考虑 3MRA 中通过地下水经人体摄入途径造成的风险。利用建立的污染物迁移转化模型计算出地下水中有毒有害物的暴露量，应用人体健康风险评价模型计算了电镀污泥填埋处置环节不同量级（24 年）废物的人体健康风险（表 3-54）。

表 3-54　染料涂料类废物填埋处置风险

废物名称	企业年进入量/t	致癌	非致癌
漆渣	0～1	0～1.70×10^{-7}	0～1.70×10^{-2}
	1～10	1.70×10^{-7}～1.70×10^{-6}	0.017～0.17
	10～100	1.70×10^{-6}～1.70×10^{-5}	0.17～1.70
污泥	0～1	0～8.90×10^{-6}	0～1.50×10^{-2}
	1～10	8.90×10^{-6}～8.90×10^{-5}	1.50×10^{-2}～1.50×10^{-1}
废油墨油漆	0～1	0～7.20×10^{-7}	0～0.15
	1～10	7.20×10^{-7}～7.20×10^{-6}	0.15～1.50

结果显示，三种染料涂料类废物中，在同一数量级范围内，漆渣填埋处置的风险最小，废油墨油漆次之，而污泥的风险最大。

废漆渣和废油墨油漆填埋处置的致癌风险和非致癌风险随数量增加而增加，因此，当废漆渣和废油墨油漆进入量小到一定程度，其风险就在可以接受的范围内，少量废物可以进入生活垃圾填埋场进行处置。

3.3.3.4 小结

对各类别染料涂料类废物的风险评价结果表明，漆渣是染料涂料类废物中产生风险较小的类别，而污泥则相对风险较大，因此对染料涂料类废物的监管应重点关注污泥类。

贮存可能产生的风险最大，而填埋次之，运输最小，因此染料涂料类废物的贮存是环境污染的关键环节。

3.3.4 废矿物油风险评价

根据建立暴露场景和现场调研及样品分析的结果，对不同类别废物矿油在不同管理环节进行风险评价，数据统计方法同电镀污泥。场地参数除贮存面积为 25.2 m^2 外，其他与染料涂料废物相同。

3.3.4.1 贮存环节风险

根据对试点城市废矿物油贮存现场的调研结果，含油废水处理污泥在贮存条件不严格的条件下，由于降雨的淋滤作用会导致其中的有害成分进入土壤，经地下水迁移扩散后到达暴露点被人群摄入。同时，含油废水处理污泥和液态废矿物油中的挥发性有机污染物挥发后经大气迁移被人群吸入。

因此，含油废水处理污泥的贮存暴露场景考虑大气扩散途径和地下水迁移途径，液态废矿物油的贮存暴露场景考虑大气扩散途径。在贮存场景下污染物在土壤包气带、地下水层、大气中的迁移扩散计算采用第 3 章建立的污染物在不同环境介质中的迁移扩散模型。模型参数及其暴露场景建立所需的参数通过对试点城市产废企业贮存管理现状的现场调查，及样品分析测试的结果经统计分析后获得（表 3-55、表 3-56）。人体健康风险评价人体健康风险表征模型，包括致癌风险和非致癌风险（表 3-57）。

表 3-55　含油废水处理污泥中污染物含量统计

名称	Pb	Cu	Zn	Ni	Cr	苯	萘	芴	蒽	芘
硝酸浸出毒性/（mg/L）	0.03	0.11	0.81	0.19	0.044	—	—	—	—	—
含量/（mg/kg）	—	—	—	—	—	268	280	85	35	2.5

表 3-56　液态废矿物油中有机污染物污染物含量　　　　　　　　单位：mg/kg

污染物	苯	甲苯	苯乙烯	三甲苯	乙烯基甲苯	二甲苯	萘	苊烯	苊
含量	910.27	763.61	2 924.09	1 938.29	243.35	2 347.17	734	103	66
污染物	芴	菲	蒽	荧蒽	芘	苯并[a]蒽	苯并[a]蒽	茚苯[1,2,3-cd]芘	二苯并[a,h]蒽芘
含量	222	160	89	4.2	26	8.4	20	10	4.2

表 3-57　废矿物油贮存环节风险

类别	年产量/t	致癌风险	非致癌风险
液态	0～1	0～2.30×10^{-6}	0～0.14
（大气）	1～10	2.30×10^{-6}～2.30×10^{-5}	0.14～1.4
固态	0～1	0～1.9×10^{-4}	0～0.18
（地下水）	1～10	1.9×10^{-4}～1.9×10^{-3}	0.18～1.8
固态	0～1	0～8.25×10^{-6}	0～0.06
（大气）	1～10	8.25×10^{-6}～8.25×10^{-5}	0.06～0.6

表 3-57 显示，含油废水处理污泥类在建立的暴露场景下其风险均较大，尤其是地下水途径的致癌风险比可接受的风险值（10^{-6}）高了几个数量级。可见贮存环节应是废矿物油类废物在管理中产生污染的关键环节。

含油废水处理污泥通过地下水途径造成的风险要高于大气扩散途径，主要是因为废矿物油中的有机污染物毒性较大，而且进入渗滤液中的总量较高。

3.3.4.2　运输环节风险

废矿物油运输过程中发生事故，在最不利的情景下，废矿物油倾倒进入河流，其中的污染物被溶出，在水体中散迁移至饮用水的取水口被人群饮用后对人体健康产生风险。液态废矿物油不溶于水，且因密度小于水而易漂浮于水面，因此发生事故后容易被发现。因此，废矿物油运输环节的风险主要来自于含油废水处理污泥的泄漏。

暴露模型及参数：

污染物在地表水（河流）中迁移扩散计算采用第 3 章建立地表水迁移扩散模型。模型参数及其暴露场景建立所需的参数通过对试点城市运输路线的现场调查，及样品分析测试的结果经统计分析后获得（模型参数同电镀污泥运输环节风险计算）。人体健康风险评价模型采用 USEPA 的人体健康风险表征模型，包括致癌风险和非致癌风险。

废矿物油在运输环节的毒性风险均较小，见表 3-58。

表 3-58　含油废水处理污泥运输环节风险

年产量/t	致癌风险	非致癌风险
0～1	$0 \sim 7.50 \times 10^{-23}$	$0 \sim 1.22 \times 10^{-17}$
1～10	$7.50 \times 10^{-23} \sim 7.50 \times 10^{-22}$	$1.22 \times 10^{-17} \sim 1.22 \times 10^{-16}$
10～100	$7.50 \times 10^{-22} \sim 7.50 \times 10^{-21}$	$1.22 \times 10^{-16} \sim 1.22 \times 10^{-15}$

3.3.4.3 填埋处置风险

（1）暴露场景

废矿物油进入生活垃圾填埋场进行处置，废物中的有害成分会因渗滤液的淋滤而被溶出，在最不利的情景下，污染组分迁移至土壤饱和层，并经土壤饱和层的衰减作用，迁移扩散至暴露点。

（2）暴露模型及参数

废矿物油中的有害成分由生活垃圾填埋场泄漏后，通过地下水造成人体健康风险，评价模型选用第 3 章建立的包气带、含水层迁移扩散模型。模型参数及其暴露场景建立所需的参数通过对试点城市生活垃圾填埋场进行现场调查，及样品分析测试的结果经统计分析后获得（模型参数同电镀污泥填埋处置环节，废矿物油中有害成分见表 3-59）。人体健康风险表征模型采用 USEPA 的人体健康风险评价模型，包括致癌风险和非致癌风险。

表 3-59　含油废水处理污泥中重金属醋酸浸出毒性　　　　　　　　单位：mg/L

污染物	Cu	Zn	Ni	Cr	Pb	苯	萘	芴	蒽	芘
浓度	3.1	53	5.29	5.17	2.13	268	280	85	35	2.5

（3）风险值

本部分计算了不同量级的含油废水处理污泥（含有废水处理污泥）进入生活垃圾填埋场产生的风险（表 3-60）。

表 3-60　含油废水处理污泥填埋处置风险

年产量/t	致癌风险	非致癌风险
0～1	$0 \sim 3.02 \times 10^{-5}$	$0 \sim 1.38 \times 10^{-1}$
1～10	$3.02 \times 10^{-5} \sim 3.02 \times 10^{-4}$	$1.38 \times 10^{-1} \sim 1.38$

从风险评价结果上看，含油废水处理污泥的填埋处置风险较大，且风险值的大小随产生量的变化较大。含油废水处理污泥不得进入生活垃圾填埋场进行共处置。

3.3.4.4 小结

废矿物油贮存环节产生的风险最大，而填埋次之，运输最小，因此废矿物油类废物的贮存是环境污染的关键环节。

3.3.5 废酸废碱风险评价

废酸废碱作为强腐蚀性危险废物,各企业对其贮存运输环节具有严格的管理(除环保部门外,公安、消防等部门也对酸碱运输有严格的要求),在贮存、运输环节不能对其进行豁免,因此研究中仅对综合利用环节的风险进行评价(调研企业中大部分的废酸废碱的处置方式是综合利用)。对废酸废碱综合利用的风险评价主要是计算评估废酸碱替代原酸碱时所新产生的风险。而可能新增加的风险主要来于企业在利用中预处理过程、系统的安全性风险、综合利用产品带来的环境风险。以调研的废酸利用企业为例,对废酸利用过程中的环境风险展开评价,主要包括废酸预处理过程、利用过程及其产品的环境风险。

3.3.5.1 废酸预处理风险

废酸的性质,如纯度、酸度及杂质含量往往并不完全符合废酸再利用企业的利用要求,因此,企业对废酸需要做一定的预处理,以满足再利用工艺的要求。根据调研的结果,对废酸前处理主要是调整废酸的纯度、酸度、杂质含量及其他不满足生产需求的方面。

废酸的预处理过程可能涉及化工生产过程,这就新增加了系统的安全风险。以重庆某家磷肥厂利用某化工厂去除乙炔中多碳烃的废硫酸(下称吸收废酸)和某家钢管厂利用钢管清洗废硫酸(下称清洗废酸)为例。

吸收废酸主要来自于乙炔生产过程中,用于吸收净化乙炔中的杂质(主要是高级炔烃),因此化工废酸中主要含有一定量的大分子有机物,废酸浓度约为 86%(体积比)。由于在净化乙炔的过程中,吸收了一定量的有机物杂质,导致吸收废酸有恶臭,除此以外,由于在吸收净化乙炔的过程中,没有其他的污染物进入吸收废酸,如重金属,因此吸收废酸中其他的污染物(如重金属)的浓度较低。

该磷肥厂生产磷肥(过磷酸钙)过程中,要求硫酸的浓度为 80% 左右,因此磷肥厂对化工废酸的预处理主要是降低废硫酸的浓度和去除臭味。该磷肥厂先将废酸中的挥发性有机物(恶臭产生源)吹脱出来(三级除臭),然后利用吸收液将被吹脱出的废气吸收。

钢管厂产生的废硫酸主要来自于钢管表面铁锈的清洗,废硫酸的浓度约为 5%(体积比),$FeSO_4$ 是该清洗废酸中的主要杂质,浓度约为 300 g/L。钢管厂对清洗酸的要求是硫酸浓度达到 20%,杂质并无特别要求。因此该企业通过向清洗废酸中补充商品酸(浓度较高)以提高废酸酸度。但随着清洗废酸的多次循环利用,废酸中的 $FeSO_4$ 浓度过高,影响清洗的效果,因此需要沉淀、分离去除清洗废酸中过高浓度的 $FeSO_4$。预处理结束后,$FeSO_4$浓度降低到 50 mg/L,硫酸浓度达到 20%,可以满足钢管酸洗的要求。

上述两家企业的废酸预处理过程可以作为化工操作单元,其产生的风险可以用蒙德法进行评价。根据该企业废酸预处理过程的工艺及其废酸的危险特性,主要考虑处理过程中废酸的腐蚀性(包括对管道的腐蚀、泄漏等),而不考虑毒性、爆炸性等因素。对蒙德法评价过程进行简化,其评价过程及结果如下:

(1)初期评价参数

表 3-61 中参数的取值依据参考《安全评价方法应用指南》中蒙德法安全评价对参数取

值的介绍[①]。B，废酸为确实不燃烧物质，取值 0.1；M，废酸不具有自燃、爆炸等特殊危险性，取值为 0；P，废酸预处理工艺在永久性封闭体系管道中进行，取值 10；S，废物的腐蚀与侵蚀性，吸收废酸对装置的有侵蚀作用且腐蚀速度大于 1 mm/a，取值 150，清洗废酸与吸收废酸差别为无侵蚀，取值 100；Q，由于废酸数量的改变带来的危险不大，根据《指南》中的建议，取 40；L，工艺在控制室内，取值 70，并且距工厂边界在 10 m 以内，取值 50，L 值和为 120；T，由于废酸不具有毒性危险性，取值为 0。

表 3-61　单元危险性的初期评价

评价指标	建议系数	采用系数	
		吸收废酸	清洗废酸
1. 物质系数（B）			
不燃烧	0.1	0.1	0.1
2. 特殊物质危险性（M）		0	0
3. 一般工艺危险特性（P）			
单纯的物理变化	10~50	10	10
4. 特殊工艺危险特性（S）			
腐蚀与侵蚀	0~150	150	100
5. 量的危险特性（Q）	1~100	40	40
6. 处置危险特性（L）			
其他	0~250	120	120
7. 毒性危险特性（T）		0	0

（2）补偿评价参数

在实际生产过程中，采取了各种安全对策措施和预防手段。这些措施和手段从两个方面来降低危险性：一是降低事故的发生频率，即预防事故发生；二是减小事故的影响程度，即事故发生后，将其影响控制在最小限度。对主要安全措施，逐项给定小于 1 的补偿系数，未采取安全措施时，则系数为 1。

根据对两家废酸利用企业现场调研和咨询安全主管人员，掌握了企业在废酸预处理过程采取的安全应对措施和预防手段，并根据补偿系数取值依据，确定了这两家废酸利用企业在废酸预处理过程中的安全补偿系数值（表 3-62）。

表 3-62　安全补偿系数

指标	打分依据	补偿系数	
		吸收废酸	清洗废酸
1. 工艺管理（K1）			
a. 操作指南	得分计算式为 1.0－x/100，x 为操作指南中包含的项目数，调查的两家企业均包含 6 个项目：开车、一般停车、紧急停车、停车后短时间开车、维修、更换装置、可预见失误、低负荷操作	0.94	0.94

---

① 刘铁民. 安全评价方法应用指南[M]. 北京：化学工业出版社，2005.

指标	打分依据	补偿系数	
		吸收废酸	清洗废酸
2. 安全态度（K2）			
a. 管理者参加	管理者认知并执行高标准安全措施 0.95 并可正确处理经济、生产与安全矛盾 0.90	0.90	0.95
b. 安全训练	所有人员安全培训程度较低 0.95 所有人员安全培训程度一般 0.90 所有人员安全培训程度较高 0.85	0.85	0.90
3. 应急系统（K3）			
a. 阀门系统	紧急隔离设施为排放储罐 0.95 排放储罐在主单元区域外 0.9 紧急泄漏情况下能迅速隔离 0.85	0.90	0.95
b. 应急措施	有应急预案 0.95 应急设备数目较多 0.90 应急队伍在 15 min 内可到达 0.7	0.90	0.90

（3）评价结果

根据确定的评价指标的取值，可以计算这两种废酸在预处理过程的系统安全风险。

1）吸收废酸预处理风险

装置内部爆炸指标 E：

$$E=1+（M+P+S）/100=1.6$$

单元毒性指标 U：

$$U=TE/100=0$$

主毒性事故指标 C：

$$C=QU=0$$

DOW/ICI 总指标 D：

$$D=B（1+M/100）（1+P/100）[1+（S+Q+L）/100+T/400]=0.451$$

全体危险性评分 R：

$$R=D+[1+（FUEA）^{1/2}/1\ 000]=1.451$$

可燃性系数 F：无可燃性则为最小值 1。

爆炸性系数 A：无爆炸性则为最小值 1。

修正后的风险值 R_2：

$$R_2=R×K_1×K_2×K_3=1.451×0.58=0.845$$

其中，$K_1=0.94$，$K_2=0.90×0.85$，$K_3=0.90×0.90$

2）清洗废酸预处理风险

装置内部爆炸指标 E：

$$E=1+（M+P+S）/100=1.1$$

单元毒性指标 U：

$$U=TE/100=0$$

主毒性事故指标 C：

$$C=QU=0$$

DOW/ICI 总指标 D：

$$D=B（1+M/100）（1+P/100）[1+（S+Q+L）/100+T/400]=0.396$$

全体危险性评分 R：

$$R=D+[1+（FUEA）^{1/2}/1\,000]=1.396$$

F、A 均为最小值 1，则修正后的风险值 R_2：

$$R_2=R×K_1×K_2×K_3=1.396×0.69=0.96$$

其中，$K_1=0.94$，$K_2=0.95×0.90$，$K_3=0.95×0.90$

（4）危险性等级判定

根据蒙德法给定的危险性评分等级划分标准（表 3-63）可知，这两类废酸在预处理过程中的危险性属缓和等级，即说明预处理过程带来的风险较低。

表 3-63　全体危险性评分等级

全体危险性评分	全体危险性范畴	全体危险性评分	全体危险性范畴
0～20	缓和	1 100～2 500	高（2 类）
20～100	低	2 500～12 500	非常高
100～500	中等	12 500～65 000	极端
500～1 100	高（1 类）	65 000 以上	非常极端

3.3.5.2 废酸利用过程的风险

废酸经预处理，达到原料酸的要求后，就可以作为替代酸进行使用。这两家企业在利用废酸的过程中，并没有对生产装置及其生产工艺进行改动，即与原料酸完全一样。因此可以认为，利用废酸替代原料酸产生的系统安全风险应与原料酸的利用过程相同。换而言之，废酸利用在生产过程并不会增加系统安全风险。

3.3.5.3 利用废酸对产品及其新产生废物的风险

磷肥生产企业利用的吸收废酸中并不含有其他有毒有害物质，而且生产的磷肥产品质量满足我国磷肥质量标准（CCGF401.2—2008），因此可以认为利用吸收废酸生产磷肥对磷肥的利用不会带来新的风险。并且预处理过程中也不产生危险废物。

清洗废酸经预处理后满足酸洗要求，生产出来的成品钢管与用原料酸酸洗得到的成品钢管也无差别，可见利用废酸对产品并不会带来新的风险。高纯度的 $FeSO_4$（95%）是清洗废酸预处理的副产物，可以作为商品硫酸亚铁。

3.3.5.4 小结

（1）废酸废碱具有强腐蚀性，贮存和运输过程中应严格按危险废物进行管理。

（2）废酸废碱不含其他有毒有害物质的情况下，经预处理后可以替代原料酸碱进行再利用。废酸废碱预处理过程中产生的系统安全风险不大，属轻微范畴。

（3）废酸废碱再利用的过程及要求与原料酸碱相同，不会增加新的系统安全风险。

（4）利用废酸生产的产品必须满足产品相关的标准，不会通过产品带来新的环境风险。

3.4 总结

（1）危险废物在各管理环节的风险并不相同，贮存环节是电镀污泥、染料涂料类废物和废矿物油类废物产生环境风险的的关键环节，应成为环境管理中的重点。

（2）同一管理环节中，不同途径产生的风险也有差别，对含油废水处理污泥而言，通过饮用水途径带来的风险要大于呼吸途径带来的风险。

（3）产生量对危险废物在各环节的风险有直接影响，对同一种危险废物，产生量小，其对环境的风险也较小，因此可以考虑对产生量较小的危险废物进行豁免。

（4）对于同一类型的危险废物而言，由于产生环节不同导致污染特性有差异，其产生的风险也有差别，如染料涂料类废物可以分为漆渣、废油墨和油漆、废水处理污泥，而其中漆渣是染料涂料类废物中产生风险较小的类别，污泥则较大，因此对染料涂料类废物的监管应重点关注污泥类。

（5）废酸废碱由于其具有很强的腐蚀性，容易对人群造成急性伤害，因此废酸废碱的贮存与运输应是管理中重点监控的环节。不含其他有毒有害物质的废酸废碱可以作为再利用企业的替代酸碱，其预处理过程产生的系统安全风险较小，生产过程与利用原料酸碱产生的系统安全风险差别较小，且不会通过产品带来新的风险可以考虑将其豁免。

第4章 典型危险废物允许豁免限值研究

典型危险废物豁免管理的风险评价研究表明，根据危险废物的污染特性、贮存条件以及贮存场所周边的环境敏感点信息，可以计算获得具体企业产生的危险废物在贮存环节可能产生的环境风险。按照相同的流程，也可以计算获得该企业产生的危险废物在运输和处置等环节的环境风险。因此，可以根据可接受的环境风险值（其中，致癌风险值为 10^{-6}，非致癌风险值为 1），在现场调研、废物污染特性监测和数据统计分析的基础上，反推危险废物在典型暴露场景中产生可接受环境风险的标准和条件。

由于危险废物的种类繁多，且成分和性质极其复杂，因此在建立危险废物豁免管理标准时，需要对废物中的目标污染物进行识别和分类，使建立的豁免管理标准更具有针对性。同时，危险废物的环境风险评价需要界定特定的暴露场景，因此建立危险废物豁免管理标准也需要针对特定的暴露场景。本章根据我国危险废物产生和管理现状的调查结果，提炼出针对电镀污泥、染料涂料、废矿物油和废酸废碱等 4 种典型危险废物在贮存、运输和处置等环节的典型场景，并针对上述具体场景开展危险废物的豁免管理标准案例研究，以期建立危险废物豁免管理的方法基础。

4.1 建立豁免标准的技术路线

首先，在现场调研的基础上，对环境信息数据和危险废物管理信息进行统计分析，建立危险废物的典型暴露场景；其次，根据污染物在环境介质中的迁移转化模型反推计算，以获得污染释放点处目标污染物的释放量；同时，根据危险废物中污染物的释放模型，计算获得废物中目标污染物的总量；再次，对采集样品进行检测，统计分析废物中污染物的浓度水平，在此基础上反推计算危险废物豁免管理应满足的条件，如目标污染物浓度和危险废物产生量等；最终建立危险废物豁免管理的相应条件与标准。研究技术路线图如图 4-1 所示。

4.2 电镀污泥豁免标准的建立

4.2.1 贮存环节

4.2.1.1 反推计算过程

电镀污泥贮存环节豁免标准的反推场景选用 3.2 中的危险废物基于地下水迁移扩散的暴露场景。反推过程示意如图 4-2 所示。

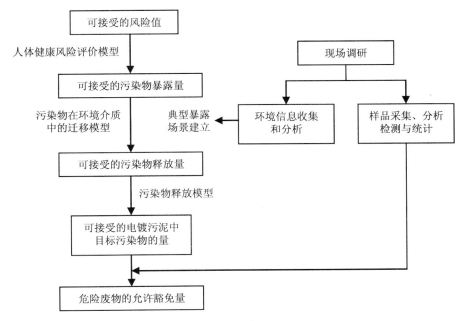

图 4-1　豁免标准建立技术路线

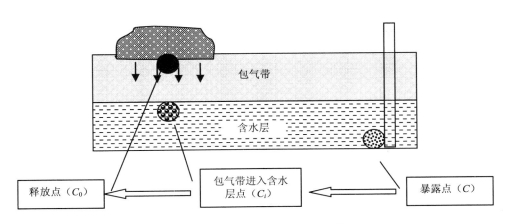

图 4-2　贮存环节反推过程示意图

如图 4-2 所示，根据上述典型场景中可接受的环境风险值，可以反推计算获得饮用水中人体可接受的暴露浓度。然后，根据目标污染物在含水层中的迁移转化模型，反推计算进入包气带的目标污染物浓度，同样根据目标污染物在包气带中的迁移转化模型，可以反推目标污染物释放点处的浓度（渗沥液中目标污染物的浓度）。最后，根据危险废物中目标污染物的释放模型，可以计算获得该危险废物豁免应满足的相应标准条件。

（1）污染物允许暴露浓度

①致癌效应

根据 USEPA 人体健康风险评价方法中致癌风险的表达式，可将人体长期可接受暴露量表示为：

$$\text{Dose} = \frac{R}{\text{CSF}} \tag{4-1}$$

式中，CSF 为致癌斜率因子，R 为可接受风险值（取值为 1×10^{-6}）。根据样品中目标污染物识别和分析的结果，电镀污泥中仅 Pb 具有致癌效应，因此取 Pb 的致癌斜率因子 CSF 值为 0.008 5 mg/（kg·d）。由此计算 Pb 的人体长期可接受暴露量 Dose 为 1.2×10^{-4} mg/（kg·d）。

根据可接受的致癌物质暴露量，可以计算经饮用水途径人体允许摄入的致癌物质的浓度，称致癌物质暴露浓度。由于饮用水中可同时含有很多种致癌物质，因此可将暴露浓度表示为 $\sum C_{致癌值}$，其计算式如下：

$$\sum C_{致癌值} = \frac{\text{Dose} \times \text{BW} \times \text{AT}}{\text{CR} \times F_E \times D_E} \tag{4-2}$$

式中，Dose 为人体长期可接受暴露量，1.2×10^{-4} mg/（kg·d）；BW 为人体平均体重，取 60 kg；AT 为暴露平均时间，取值为人类平均寿命 70 年共有的天数，d；CR 为饮用水摄入速率，成人取 2 L/d[①]；F_E 为暴露频率，取值为 $365 \times 0.662\ 5$ d/a[②]；D_E 为持续暴露于污染物的时间，取 40 年[③]。

通过式（4-2）计算可知，在致癌风险可接受范围内 Pb 的暴露浓度 $\sum C_{致癌值}$ 为 0.009 5 mg/L。我国地下水质量标准（GB/T 14848—1993）规定，二类水体铅含量≤0.01 mg/L，表明本推论基本合理。

②非致癌效应

电镀污泥中多种重金属具有非致癌效应。为便于计算，可将所有非致癌物质的非致癌效应归一为 Cu 的非致癌效应（由于 Cu 在各样品中的检出率和浓度均最高，且非致癌效应较强，可作为标准元素。其他重金属元素非致癌效应统一归入 Cu 的非致癌效应，而在计算浸出浓度时，也将其他重金属元素的浸出浓度统一归入 Cu 的浸出浓度，具体归一化方法见后），可接受非致癌物质的剂量（暴露量）的计算表达式为：

$$\text{Dose} = \text{HQ} \times \text{RfD} \tag{4-3}$$

式中，HQ 为可接受的危害商，取值为 1；RfD 为每日参考剂量，取值为 0.04 mg/（kg·d）（Cu 的 RfD 值）。由此计算可知，饮用水中非致癌效应可接受剂量为 0.04 mg/（kg·d）。我国地下水质量标准（GB/T 14848—1993）规定，二类水体铜含量≤0.05 mg/L，表明本推论基本合理。

根据可接受的非致癌物质暴露量，可以计算允许摄入的非致癌物质的浓度，称非致癌物质暴露浓度。由于同时含有多种非致癌物质，因此可将暴露浓度表示为 $\sum C_{非致癌值}$，其计算公式如下：

---

① 美国环保局推荐使用参数。

② 3MRA 中推荐使用的人体在暴露区日均暴露概率为 0.662 5。

③ 由于危险废物产生企业存在期间，周边人群一直暴露于该环境中。根据美国《财富》杂志报道世界 500 强企业平均寿命为 40 年，1 000 强企业平均寿命为 30 年；我国民营企业平均寿命为 3.5 年，大中型企业平均寿命 7~8 年。基于最不利条件的考虑，将持续暴露时间定为 40 年。

$$\sum C_{\text{非致癌值}} = \frac{\text{Dose} \times \text{BW}}{\text{CR}} \qquad (4\text{-}4)$$

式中，Dose 为每日可接受剂量，其大小为 0.04 mg/（kg·d）；非致癌效应只考虑人体暴露期间的摄入，所以 $AT = D_E \times F_E$。其他参数意义及取值同致癌风险计算。

由此计算可知，非致癌风险可接受范围内非致癌物的暴露浓度$\sum C$ 非致癌值为 1.2 mg/L[①]。

表 4-1　部分污染物水体中的人体健康基准值

序号	目标污染物	非致癌参考剂 RfD/[mg/（kg·d）]	致癌斜率因子 CSF/[mg/（kg·d）]
1	Ba	0.07	NTV
2	总 Cr	参照 Cr^{3+} 或 Cr^{6+}	NTV
3	Cr^{3+}	1.5	NTV
4	Cr^{6+}	0.003	NTV
5	Cd	0.000 5	NTV
6	Cu	0.04	NTV
7	Co	0.06	NTV
8	CN^-	0.02	NTV
9	F^-	0.06	NTV
10	Mn	0.14	NTV
11	Ni	0.02	NTV
12	Pb	NTV	0.008 5
13	Zn	0.3	NTV
14	Sn	0.6	NTV

* NTV 表示无参考数据或致癌性未知。

数据来源：美国环保局综合危险度信息数据库（Intergrated Risk Information System，IRIS）。

（2）污染物允许释放浓度

①致癌效应

污染物从废物中释放后放进入环境（此时浓度称为释放点浓度），经包气带、含水层迁移至暴露点，最终到达受体，此时的浓度为暴露浓度（$\sum C$ 致癌值），因此根据污染物在含水层中的迁移转化模型的解析解[②]，可以由各种致癌物质暴露浓度加和（$\sum C$ 致癌值）反推污染物在由包气带进入含水层的浓度$\sum C_i$ 致癌值。

$$\sum C_{i\,\text{致癌值}} = \frac{\sum C_{\text{致癌值}} \times 4\pi nb\sqrt{D_x D_y}}{Q \times \exp\left(\dfrac{x}{B}\right) W\left(U, \dfrac{r}{B}\right)} \qquad (4\text{-}5)$$

式中，$\sum C$ 致癌值各致癌物质的暴露浓度，0.009 5 mg/L；n 为孔隙度，由土壤含水层容

① 电镀污泥中的主要非致癌元素包括 Cd、Cr、Cu、Ni、Pb、Zn、Ba、Mn、CN^-、F^-，其二类水体的允许含量加和为 1.771 mg/L，与本研究结果接近，表明本推论基本合理。

② FRiedel，1975；Huntil，1978；Wison 和 Miller，1978。

重（ρ_h）计算获得；b 为含水层厚度，现场调研获取，m；D_x 为纵向（x）弥散系数，m²/d，根据污染物运移距离及地下水流速计算；D_y 为横向（y）弥散系数，m²/d，根据污染物运移距离及地下水流速计算；Q 为渗滤液注入流量，m³/d，渗滤液注入量由地下水流速和贮存场面积计算得到；x 为纵向距离，m；W（U, r/B）为 Hantush 越流井函数。根据横向迁移距离、纵向迁移距离、地下水流速、一级反应常数计算获得 U 和 r/B 值，然后根据 Hantush 越流井函数表获得函数值。

渗滤液由释放点经包气带迁移至含水层，污染物在包气带中的迁移方程为：

$$R\frac{\partial C_i}{\partial t} = D\frac{\partial^2 C_i}{\partial Z^2} - u\frac{\partial C_i}{\partial Z} - K_i \times C_i \qquad (4\text{-}6)$$

式中，C_i 为由包气带进入到含水层中的污染组分 i 的浓度，mg/L；t 为持续渗滤时间，d；Z 为包气带厚度，m，现场调研获取；R 为滞后因子，根据包气带土壤的容重、包气带土壤中有机碳的质量分数、污染物辛醇-水分配系数、包气带土壤的体积含水率计算获取；D 为动力弥散系数，根据包气带厚度及孔隙水流速计算获取；u 为孔隙水流速，m/d，根据包气带土壤的体积含水率及达西速率计算获取；K_i 为污染组分 i 的一阶降解系数。

则式（4-6）的解析解为：

$$C_i(Z,t) = C_{0i}E(Z,t) \qquad (4\text{-}7)$$

式中，C_i（Z, t）为时间 t 时污染物在由包气带进入含水层的浓度，mg/L；C_{0i}（Z, t）为释放点污染物浓度，mg/L。

因此，由式（4-7）反推污染物释放点处渗沥液中各致癌物的浓度和 $\sum C_{0,\text{致癌}}$，即为渗沥液浓度（因降雨作用，电镀污泥中的致癌物被淋滤溶出，形成渗沥液，渗滤液中所有致癌物质的浓度总和）。

$$\sum C_{0\,\text{致癌}} = \frac{\sum C_{i\,\text{致癌}}(Z,t)}{E(Z,t)} \qquad (4\text{-}8)$$

式中，$\sum C_{i\,\text{致癌}}$ 为释放点致癌物浓度总和，mg/L；$E(Z,t)$ 可以表示为：

$$E(Z,t) = \frac{1}{2}\left[\exp\left(\frac{(1-c)\times uZ}{2\times D}\right)\times erfc\left(\frac{R\times Z - ut}{\sqrt{4DRt}}\right) + \exp\left(\frac{(1+c)\times uZ}{2\times D}\right)\times erfc\left(\frac{R\times Z + ut}{\sqrt{4DRt}}\right)\right] \quad (4\text{-}9)$$

式（4-9）中各参数意义同式（4-6）。其中，$c = \sqrt{1 + \dfrac{4DK_i}{u^2}}$。

将各参数代入各计算式（各参数取值见表 4-2），可得释放点渗滤液中所有致癌物浓度和（$\sum C_{0\,\text{致癌}}$）为 0.11 mg/L[①]。

---

① 《危险废物鉴别标准　浸出毒性》（GB 5085.3—2007），铅的浸出毒性浓度限值 5 mg/L。

表 4-2　计算模型和模型参数

序号	模型	模型参数			模型参数参考值
		符号	名称	单位	
1	包气带：$R\dfrac{\partial C_i}{\partial t}=D\dfrac{\partial^2 C_i}{\partial Z^2}-u\dfrac{\partial C_i}{\partial Z}-K_i\cdot C_i$	Z	厚度	m	1.5
2		ρ_b	土壤容重	g/cm³	1.65
3		θ_s	土壤的饱和体积含水率	%	0.45
4		K	水力传导率	cm/s	1.0×10^{-7}
5		S	贮存场面积	m²	5.75×4.75
6	含水层：$\dfrac{\partial C_{wi}}{\partial t}=D_x\dfrac{\partial^2 C_{wi}}{\partial x^2}+D_y\dfrac{\partial^2 C_{wi}}{\partial y^2}-u\dfrac{\partial C_{wi}}{\partial x}-\lambda C_{wi}+\dfrac{I}{n}$	b	含水层厚度	m	6
7		L_s	污染物运移距离（渗漏点与暴露点距离）	m	300
8		u	地下水流速	m/d	0.5
9		h	年均渗滤液深度	m	1.1
10		t	污染物在暴露点浓度达到最高的时间	a	2

②非致癌效应

同致癌效应反推计算过程，可得释放点非致癌物浓度和的限值，即所有非致癌物的浸出毒性的和 $\sum C_0$ 非致癌为 13.63 mg/L[①]。

4.2.1.2　豁免标准

释放点渗滤液中各污染物浓度（C_0）的计算方法如下：

$$C_0=\frac{C_T\times m\times10}{P\times A\times1\,000} \tag{4-10}$$

式中，C_T 为各污染物的浸出毒性，mg/L；m 为污泥年贮存量，t；P 为当地年均降雨量，1.1 m，现场调研获取；A 为污泥堆存面积，27.3 m²，根据现场调研数据统计分析；$P\times A$ 为电镀污泥贮存时所占的面积承受的降雨量，即渗滤液体积，30.03 m³；系数 10 为浸出浓度测试时的液固比；1 000 为单位转换系数。

同样地，

$$\sum C_0=\frac{\sum C_T\times m\times10}{P\times A\times1\,000} \tag{4-11}$$

式中，$\sum C_T$ 为渗滤液中各致癌物或非致癌物的当量浓度总和，电镀污泥中仅 Pb 具有致癌效应，所以 C_T 为 Pb 的统计浓度，为 0.39 mg/L。

将 Pb 的硫酸硝酸浸出浓度代入式（4-11），可计算获得风险可接受范围内污泥贮存量 m 的限值。在风险可接受的致癌效应条件下的污泥贮存量 847 kg/a。

对非致癌效应而言，$\sum C_0$ 非致癌为铜的当量浓度和，所以应根据不同重金属的毒性（致

---

① 电镀污泥中的主要非致癌元素包括 Cd、Cr、Cu、Ni、Pb、Zn、Ba、Mn、CN⁻、F⁻，《危险废物鉴别标准　浸出毒性》（GB 5085.3—2007），浸出毒性浓度限值加和为 416 mg/L（不含 Mn），远远大于本研究结果，表明本研究结果相对较严。

癌物质的 CSF 值和非致癌物的 RfD 值相差较大），将不同毒性的各非致癌物的浓度转化为同一毒性物质（Cu）的当量浓度后再加和。

毒性物质对人体的危害不仅与浓度有关，而且与物质本身的毒性有很大的关系，朱利中等在研究汽车尾气中多环芳烃对人体危害差别时，引入不同种类的多环芳烃的毒性当量因子，将各种多环芳烃的初始浓度转化为以苯并[a]芘计的当量浓度。如，苯并[a]芘的毒性当量因子为 1，萘的毒性当量因子为 0.001，如果萘的浓度为 1 000 ng/m³，则转化为苯并[a]芘的当量浓度为 1 000×0.001，即为 1 ng/m³ 苯并[a]芘当量浓度。

目前，国内外各种致癌和非致癌物的毒性当量因子极缺乏，除二噁英外，仅有部分学者报道了一些有机污染物（多环芳烃）的毒性当量因子[1] [2]，并且不同学者所报道的结果还存在差异。致癌斜率因素（CSF）和参考剂量（RfD）可以表征不同物质毒性的大小，因此本研究通过比较不同物质的 CSF 值和 RfD 值，作为初始浓度转化的毒性当量因子，具体归一化方法如下：

$$\sum C_{T\text{非致癌}} = C_{T1} \times \frac{0.04}{RfD_1} + C_{T2} \times \frac{0.04}{RfD_2} + \cdots C_{T,Cu}^{'} + C_{Ti} \times \frac{0.04}{RfD_i} \quad (4\text{-}12)$$

式中，C_{Ti} 为各种非致癌物质的硝酸硫酸浸出浓度，mg/L，见表 4-3；RfD_i 为各种非致癌物质的参考剂量，见表 4-1；0.04 为 Cu 的参考剂量。

根据现场调查数据的统计分析结果，确定电镀污泥中的各目标污染物的硝酸浸出毒性 C_T 值。各污染物的硫酸硝酸浸出毒性 C_T 值见表 4-3。

表 4-3 电镀污泥中各污染物硫酸硝酸浸出毒性

目标污染物 i	Cd	Cr	Cu	Ni	Pb	Zn	Ba	CN⁻	F⁻
C_{Ti}/（mg/L）	0.05	0.34	2.99	7.9	0.39	0.76	0.083	0.59	8.06

将表 4-3 中各非致癌物的硝酸浸出浓度代入式（4-12），计算所得所有重金属元素的当量浸出毒性之和（$\sum C_{T\text{非致癌}}$）为 34.88 mg/L。将 $\sum C_{T\text{非致癌}}$ 代入式（4-11），可计算获得风险可接受范围内污泥贮存量 m 的限值，在风险可接受的非致癌效应条件下的污泥贮存量 1 173 kg/a。

由于电镀污泥的贮存量经常发生变化，很难进行量化，但根据我国现有的危险废物贮存管理规定，危险废物在企业内部的贮存不能超过 1 年。因此，若企业电镀污泥的年产量不超过 847 kg，贮存量就不会超过该值，即企业电镀污泥年产生量小于 847 kg 便能保证电镀污泥在贮存环节的风险在可接受范围内。因此，贮存环节电镀污泥豁免管理的标准为：企业年产生量不超过 0.847 t，取 0.85 t。

美国对于有条件豁免小量生产者（Conditionally Exempt Small Quantity Generators，CESQGs）实行豁免管理，指的是每月生产的危险废物数量小于 100 kg 且急性危险废物不超过 1 kg，同时任何时候累积的危险废物量少于 1 000 kg，急性危险废物量小于 1 kg 的工

---

[1] Ian C.T.Nisbet，Peter K. LaGoy. Toxic equivalency factors（TEFs）for polycyclic aromatic hydrocarbons（PAHs）regulatory[J]. Toxicology and Pharmacology，1992，16（3）：290-300.

[2] 李剑，乔敏，王子健，等. 测定 5 种高环多环芳烃毒性当量因子并应用于太湖梅梁湾表层沉积物分析[J]. 生态毒理学报，2006，1（1）：12-16.

厂或设施。即每年产生的危险废物量小于 1.2 t，且任何时候累积的危险废物量少于 1.0 t 的企业，不必遵从申报登记、贮存期限、贮存条件、转移联单、应急预案等管理要求。本研究结果与美国目前豁免条件基本一致，表明本研究结论具有一定的合理性。

4.2.2 处置（填埋）环节

4.2.2.1 反推过程

在得到豁免的前提下，少量危险废物将进入工业固体废物贮存/处置场，或者生活垃圾填埋场进行处置。根据课题组"十五"期间制定危险废物浸出毒性鉴别标准的研究结果，以电镀污泥为实验样品，模拟生活垃圾填埋场场景条件下，重金属的浸出量最高，这主要是因为生活垃圾中有机物降解后将产生大量有机酸，而且酸容量较大。我国各地一般都建设有生活垃圾填埋场，具备豁免后处置的条件。因此，本研究基于电镀污泥豁免后进入生活垃圾填埋场的具体情况开展研究。

电镀污泥进入生活垃圾填埋场，人体健康风险评价场景采用第 3 章建立的填埋处置场景。反推过程示意如图 4-3 所示。

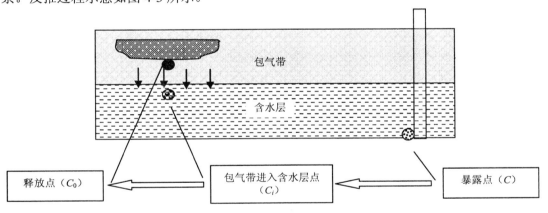

图 4-3　贮存环节反推过程示意图

如图 4-3 所示，根据可接受的风险值，可以反推计算出饮用水中人体可接受的暴露浓度，然后根据污染物在含水层中的迁移转化，反推计算进入包气带的污染物浓度，同样依据污染物在包气带中的迁移模型，可以反推污染物释放点处的浓度（渗滤液中污染物浓度）。然后根据废物中污染物的释放，可以计算出危险废物豁免应满足的标准。

（1）污染物允许暴露量

①致癌效应

根据 USEPA 人体健康风险评价方法中致癌风险的表达式，可将人体长期可接受暴露量表示为：

$$\text{Dose} = \frac{R}{\text{CSF}} \tag{4-13}$$

式中，根据目标污染物识别和样品分析的结果，污泥中仅 Pb 具有致癌效应，因此致癌斜率因子 CSF 为 0.008 5 mg/（kg·d）；R 为可接受风险值，取 $1×10^{-6}$，可以计算出 Dose

为 1.2×10^{-4} mg/（kg·d）。

根据可接受的致癌物质暴露量，可以计算经饮用水途径，人体允许摄入的饮用水中的致癌物质的浓度，称致癌物质暴露浓度。由于饮用水中可同时含有很多种致癌物质，因此可将暴露浓度表示为 $\sum C_{致癌}$，其计算式如下：

$$\sum C_{致癌} = \frac{\mathrm{Dose} \times \mathrm{BW} \times \mathrm{AT}}{\mathrm{CR} \times F_E \times D_E} \qquad (4\text{-}14)$$

式中，Dose 为人体长期可接受暴露量，1.2×10^{-4} mg/（kg·d）；BW 为人体平均体重，取 60 kg；AT 为平均时间，取人类平均寿命 70 年共有的天数，d；CR 为饮用水摄入速率，成人取 2 L/d；F_E 为暴露频率，取 $365 \times 0.662\ 5$ d/a；D_E 为持续暴露时间，取人类平均寿命，70 年。

通过计算，在风险可接受范围内，$\sum C_{致癌}$ 为 0.005 5 mg/L。

②非致癌效应

饮用水中很多物质具有非致癌效应。为便于计算，可将所有非致癌物质的致癌效应归一为 Cu 的非致癌效应（具体归一化方法见后），可接受非致癌物质的剂量（暴露量）的计算表达式为：

$$\mathrm{Dose} = \mathrm{HQ} \times \mathrm{RfD} \qquad (4\text{-}15)$$

式中，HQ 为可接受的危害商，取 1；RfD 为每日参考剂量，取 0.04 mg/（kg·d）（Cu 的 RfD 值），计算出可接受剂量为 0.04 mg/（kg·d）。

根据可接受的非致癌物质暴露量，可以计算经饮用水途径，人体允许摄入的饮用水中的非致癌物质的浓度，称非致癌物质暴露浓度，由于饮用水中可同时含有很多种非致癌物质，因此可将暴露浓度表示为 $\sum C_{非致癌}$，其计算式如下：

$$\sum C_{非致癌} = \frac{\mathrm{Dose} \times \mathrm{BW}}{\mathrm{CR}} \qquad (4\text{-}16)$$

式中，Dose 为每日可接受剂量，取 0.04 mg/（kg·d）；非致癌效应只考虑人体暴露期间的摄入，所以 $\mathrm{AT} = D_E \times F_E$。其他参数意义及取值同致癌风险计算。

由此可计算出风险可接受范围内非致癌物的暴露浓度和（$\sum C_{非致癌}$），为 1.2 mg/L。

（2）污染物允许释放浓度

①致癌效应

污染物释从废物中释放后放进入环境（此时浓度称为释放点浓度），经包气带、含水层迁移至暴露点，最终到达受体，此时的浓度为暴露浓度（$\sum C_{致癌}$），因此根据污染物在含水层中的迁移转化模型，可以由计算所得的各致癌物质的暴露浓度和（$\sum C_{致癌}$）反推计算污染物在由包气带进入含水层的浓度 $\sum C_{i\,致癌}$，计算过程与贮存环节相同。然后根据 $\sum C_{i\,致癌}$ 反推计算释放点处渗滤液中各致癌物的浓度和 $\sum C_{0\,致癌}$，即为渗滤液浓度（因降雨作用，电镀污泥中的致癌物被淋滤溶出，形成渗滤液，渗滤液中所有致癌物质的浓度总和）。

$$\sum C_{0\,致癌} = \frac{\sum C_{i\,致癌}(Z, t)}{E(Z, t)} \qquad (4\text{-}17)$$

将各参数代入各计算式（各参数取值见表 4-4），用 Matlab 程序运行计算得出释放点渗滤液中所有致癌物浓度和（$\sum C_{0致癌}$）为 0.099 mg/L[①]。

表 4-4　计算模型和模型参数

序号	模型	模型参数			模型参数参考值
		符号	名称	单位	
1		Z	厚度	m	1.0
2		ρ_b	土壤容重	g/cm^3	1.65
3	包气带：	h	年均渗滤液深度	m	1.1
4	$R\dfrac{\partial C_i}{\partial t}=D\dfrac{\partial^2 C_i}{\partial Z^2}-u\dfrac{\partial C_i}{\partial Z}-K_i\cdot C_i$	θ_s	土壤的饱和体积含水率	%	0.45
5		K	水力传导率	cm/s	1.0×10^{-7}
6		S	填埋面积	m^2	40 000
7		b	含水层厚度	m	5
8	含水层：	L_s	污染物运移距离（渗漏点与暴露点距离）	m	500
9	$\dfrac{\partial C_{wi}}{\partial t}=D_x\dfrac{\partial^2 C_{wi}}{\partial x^2}+D_y\dfrac{\partial^2 C_{wi}}{\partial y^2}-u\dfrac{\partial C_{wi}}{\partial x}-\lambda C_{wi}+\dfrac{I}{n}$	u	地下水流速	m/d	0.5
10		Y	填埋场使用年限	a	24
11		t	污染物在暴露点浓度达到最高的时间	a	24

由于电镀污泥进入生活垃圾填埋场，除了电镀污泥产生重金属污染物，填埋场中其他废物也可能同时产生污染物，应综合考虑其他废物产生的风险，即要赋予安全系数。通过计算，试点城市电镀污泥的年产量与填埋场垃圾的年加载量的比值（0.034 7）作为电镀污泥中污染物占整个填埋场污染物的比例（此种假设条件下，生活垃圾的重金属释放能力与电镀污泥相同，因此是较为安全的系数）。t 取 24 年，根据模型计算所得敏感点污染物浓度达到峰值的时间。模型计算的其他参数及其取值见贮存环节。经计算得释放点处渗滤液中各致癌物的浓度和 $\sum C_{0致癌}$ 为 0.003 4 mg/L。

②非致癌效应

同样地，可以计算释放点处渗滤液中各非致癌物的浓度和 $\sum C_{0非致癌}$ 为 0.76 mg/L。

4.2.2.2　豁免标准

渗滤液中各污染物浓度（C_0）的计算方法如下：

$$C_0=\frac{C_T\times m\times10}{L\times1\,000} \tag{4-18}$$

式中，C_T 为各污染物的醋酸浸出毒性，mg/L；m 为电镀污泥年填埋量，kg/a；系数 10 为浸出浓度测试时的液固比；1 000 为单位转换系数；L 为填埋场年产生的渗滤液的体积，

[①]《危险废物鉴别标准　浸出毒性》（GB 5085.3—2007），铅的浸出毒性浓度限值 5 mg/L。

取 44 000 m³/a。其计算式为：

$$L = (P - E)A + \frac{0.2m_{24}}{24} \tag{4-19}$$

式中，P 为填埋场所在地的年均降雨量，取 1.1 m；E 为填埋场所在地的年均蒸发量，0.5 m；A 为填埋场的表面积，40 000 m²（假设目标危险废物进场后沿填埋场表面均匀分布）；m_{24} 为调研的填埋场的总填埋量，2.4×10^6 t（该填埋场的使用年限为 24 年）；0.2 为填埋场在填埋年限内的总的损水率。

同样地，

$$\sum C_0 = \frac{\sum C_T \times m \times 10}{L \times 1\,000} \tag{4-20}$$

式中，$\sum C_T$ 为渗滤液中各致癌物或非致癌物的当量浓度总和，电镀污泥中仅 Pb 具有致癌效应，所以 C_T 为 Pb 的统计浓度，为 5.0 mg/L，取值方法参见前文 3.1。

将 Pb 的醋酸浸出浓度代入式（4-20），可计算获得风险可接受范围内污泥填埋量 m 的限值，为 2 992 kg/a。

对非致癌效应而言，$\sum C_0$ 非致癌为铜的当量浓度和，所以应根据不同重金属的毒性（致癌物质的 CSF 值和非致癌物的 RfD 值相差较大），将不同毒性的各非致癌物的浓度转化为同一毒性物质（Cu）的当量浓度后再加和。具体归一化方法见式（4-12）。

根据现场调查数据的统计分析结果，确定电镀污泥中的各目标污染物的醋酸浸出毒性 C_T 值。各污染物的醋酸浸出毒性 C_T 值见表 4-5，统计过程见前文 3.1。

表 4-5　电镀污泥中污染物的醋酸浸出毒性　　　　　　　　　单位：mg/L

目标污染物	Cd	总 Cr	Cu	Ni	Pb	Zn	Ba	CN⁻	F⁻
C_T	0.87	4.57	67.00	378.89	4.96	54.00	0.31	0.047	7.37

将表 4-5 中各非致癌物的醋酸浸出浓度代入式（4-12），计算所得所有重金属元素的当量浸出毒性之和（$\sum C_T$ 非致癌）为 969 mg/L。将 $\sum C_T$ 非致癌代入式（4-20），可计算获得风险可接受范围内污泥填埋量 m 的限值，在风险可接受的非致癌效应条件下的污泥贮存量 3 451 kg/a。

从非致癌物和致癌物对人体健康产生的危害的角度综合考虑，每年允许进入生活垃圾填埋场的电镀污泥量为 2 992 kg，取值 3.0 t。

电镀污泥进入生活垃圾填埋场，该填埋场的设计及日常填埋操作需满足我国相应的标准，在该条件下，该填埋场一年允许进入电镀污泥的量为 3.0 t。因此，对于管理部门来说，一般不鼓励企业将电镀污泥进入生活垃圾填埋场，但对于年产量较小的企业，管理部门可以允许数家企业将电镀污泥送至填埋场处置，每年进入该填埋场的电镀污泥总量不应超过 3.0 t。

4.3 染料涂料类废物豁免标准建立

4.3.1 贮存环节

4.3.1.1 基于地下水迁移扩散的暴露场景

（1）反推过程

调研中发现，染料涂料类废物中，废油墨油漆一般采用桶装，没有发现散放的情况。因此，本研究的重点研究对象为废漆渣和污泥。考虑在得到豁免的情况下，企业对废漆渣和污泥进行包装，但放置在开放堆场且防渗状况一般的贮存场所。因降雨的淋滤作用，废物中的有害物会进入渗滤液并渗入土壤进而迁移至地下水，该场景中主要考虑通过地下水途径造成人体健康风险。与电镀污泥不同的是，染料涂料类废物中，除了含有重金属外，还含大量的有机物污染物，反推过程示意见图 4-1。

1）可接受暴露浓度

①致癌效应

根据 USEPA 人体健康风险评价方法中致癌风险的表达式，可将人体长期可接受暴露量表示为：

$$\text{Dose} = \frac{R}{\text{CSF}} \qquad （4\text{-}21）$$

式中，根据目标污染物识别和样品分析的结果，染料涂料类废物中具有致癌效应的有重金属 Pb、有机污染物苯等。废物中污染物主要以有机污染物为主，且苯的致癌效应要高于 Pb，所以研究中致癌物质可接受剂量均可归一化为苯的致癌效应（苯的 CSF 见表 4-6，具体归一化方法见后）。R 为可接受风险值，取 1×10^{-6}，可以计算出 Dose 为 3.4×10^{-5} mg/（kg·d）。

根据可接受的致癌物质暴露量，可以计算经饮用水途径，人体允许摄入的饮用水中的致癌物质的浓度，称致癌物质暴露浓度。由于饮用水中可同时含有多种致癌物质，因此可将暴露浓度表示为 $\sum C_{致癌}$，其计算式如下：

$$\sum C_{致癌} = \frac{\text{Dose} \times \text{BW} \times \text{AT}}{\text{CR} \times F_{\text{E}} \times D_{\text{E}}} \qquad （4\text{-}22）$$

式中，Dose 为人体长期可接受致癌物质暴露量，3.4×10^{-5} mg/（kg·d）；BW 为人体平均体重，取 60 kg；AT 为平均时间，取人类平均寿命 70 年共有的天数，d；CR 为饮用水摄入速率，成人取 2 L/d；F_{E} 为暴露频率，取 $365 \times 0.662\ 5$ d/a；D_{E} 为持续暴露时间，取 40 年。

经式（4-22）计算，在可风险可接受范围内，$\sum C_{致癌}$ 为 0.002 74 mg/L[①]。

---

① 我国地下水质量标准（GB/T 14848—1993）对于苯限值没有规定，地表水环境质量标准（GB 3838—2002）"集中式生活饮用水地表水源地特定项目标准限值"规定，苯含量≤0.01 mg/L，表明本推论基本合理。

表 4-6　染料涂料类废物中有机污染物健康基准值

序号	目标污染物	非致癌参考剂量 RfD/[mg/（kg·d）]	非致癌参考浓度 RfC/（mg/m³）	致癌斜率因子 摄入 CSF/ [mg/（kg·d）]	致癌斜率因子 吸入 CSF/ [mg/（kg·d）]
1	丙烯腈	0.001	0.002	0.54	0.24
2	丙烯酸乙酯	—	—	0.048	NTV
3	苯	—	—	0.029	0.029
4	邻苯二甲酸二（2-乙基己基）酯	0.02	—	0.014	NTV
5	甲醛	0.2	—	—	0.045
6	甲苯二异氰酸酯	0.000 07	—	—	—
7	三甲苯	0.05	—	—	NTV
8	甲基丙烯酸乙酯	0.09	—	—	NTV
9	邻苯二甲酸二丁酯	0.1	—	—	NTV
10	甲苯	0.2	0.4	—	NTV
11	苯乙烯	0.2	1.0	—	NTV
12	乙酸乙酯	0.9	—	—	—
13	二甲苯	2	—	—	NTV
14	甲基丙烯酸甲酯	1.4	—	—	NTV

②非致癌效应

饮用水中很多物质具有非致癌效应，包括重金属和有机污染物，但这些非致癌物中铜的分布最广泛且非致癌效应较大，可将所有非致癌物质的致癌效应归一为 Cu 的非致癌效应（具体归一化方法见后），可接受非致癌物质的剂量（暴露量）的计算表达式为：

$$\text{Dose} = \text{HQ} \times \text{RfD} \tag{4-23}$$

式中，HQ 为可接受的危害商，取 1；RfD 为 Cu 的每日参考剂量，取 0.04 mg/（kg·d），计算出可接受剂量为 0.04 mg/（kg·d）。我国地下水质量标准（GB/T 14848—1993）规定，二类水体铜含量≤0.05 mg/L，表明本推论基本合理。

根据可接受的非致癌物质暴露量，可以计算经饮用水途径，人体允许摄入的饮用水中的非致癌物质的浓度，称非致癌物质暴露浓度，由于饮用水中可同时含有多种非致癌物质，因此可将暴露浓度表示为 $\sum C_{\text{非致癌}}$，其计算式如下：

$$\sum C_{\text{非致癌}} = \frac{\text{Dose} \times \text{BW}}{\text{CR}} \tag{4-24}$$

式中，Dose 为每日可接受剂量，为 0.04 mg/（kg·d）；其他参数意义及取值同致癌风险计算。

由式（4-24）计算可知，风险可接受范围内非致癌物的暴露浓度和（$\sum C_{\text{非致癌}}$），为 1.2 mg/L[①]。

---

① 染料涂料废物中的主要非致癌元素包括 Cd、Cr、Cu、Co、Zn、Ba、甲苯二异氰酸酯、三甲苯、甲基丙烯酸乙酯、DBP、甲苯、苯乙烯、乙酸乙酯、二甲苯、甲基丙烯酸甲酯，在二类水体中的允许含量加和为 2.09 mg/L，与本研究结果接近，表明本推论基本合理。

2）污染物允许释放浓度

①致癌效应

污染物从废物中释放后放进入环境（此时浓度称为释放点浓度），经包气带、含水层迁移至暴露点（受体接触点），此时的浓度为暴露浓度（$\sum C_{致癌}$），因此根据污染物在含水层中的迁移转化模型，可以由各种致癌物质暴露浓度加和（$\sum C_{致癌}$）反推计算污染物在由包气带进入含水层的浓度$\sum C_{i致癌}$。

然后根据污染物在包气带中的迁移转化模型反推计算污染物释放点处渗沥液中各致癌物的浓度和$\sum C_{0致癌}$，即为渗沥液浓度（因降雨作用，电镀污泥中的致癌物被淋滤溶出，形成渗沥液，渗滤液中所有致癌物质的浓度总和）。

具体计算过程及各参数取值同电镀污泥贮存环节反推过程。计算得出释放点渗滤液中所有致癌物浓度和（$\sum C_{0致癌}$）为 0.188 2 mg/L[①]，该浓度小于苯在水中的溶解度（1 800 mg/L，25℃）。

②非致癌效应

同样可以计算出$\sum C_{0非致癌}$为 82.42 mg/L[②]。

（2）豁免标准

在染料涂料废物中，有多种目标污染物（包括致癌和非致癌），因此存在着各种目标污染物风险的加和（本研究中没有考虑拮抗或协同效应）。但在反推过程中，为了便于计算，可以将所有致癌物或非致癌物的浓度转化为苯或 Cu 的当量浓度。致癌物转化方法如下：

$$C_{T致癌} = C_{T,Pb} \times 10 \times \frac{CSF_{Pb}}{0.029} + C_{T1} \times \frac{CSF_1}{0.029} + C_{T苯} + \cdots + C_{Ti} \times \frac{CSF_i}{0.029} \tag{4-25}$$

式中，$C_{T,Pb}$ 为 Pb 的硝酸浸出毒性，mg/L；10 为单位转换系数，L/kg；$C_{T,Pb}$ 表示的是浸出毒性，mg/L，而有机致癌物 C_{Ti} 表示的是含量（当废物中非致癌有机污染物的含量小于其在水中的溶解度时，浸出液浓度取值为非致癌有机污染物的含量；当大于其在水中的溶解度时，浸出液浓度取值为非致癌有机污染物水中的溶解度 mg/L×1 L/kg），单位为 mg/kg，所以归一化过程中需要做单位转化；CSF_i 为有机致癌物致癌斜率因子，mg/（kg·d），各类废物中有机物致癌含量的统计值见表 4-7；0.029 为苯的 CSF 值。

表 4-7　染料涂料类废物中致癌物质含量统计　　单位：mg/kg

污染物	Pb/（mg/L）	苯	苯并[a]蒽	苯并[b]荧蒽	苯并[k]荧蒽	苯并[a]芘	邻苯二甲酸二（2-乙基己基）酯
漆渣	0.024	1.13	—	—	—	—	96.28
污泥	0.65	—	2.9	5	2.4	9.2	9.5
溶解度/（mg/L）	—	1 800	0.009 4	0.000 76	0.001 6	0.285	—
CSF	0.008 5	0.029	0.73	0.73	0.073	7.3	0.014

---

① 《危险废物鉴别标准　浸出毒性》（GB 5085.3—2007），苯的浸出毒性浓度限值 1.0 mg/L。

② 染料涂料废物中的主要非致癌元素包括 Cd、Cr、Cu、Co、Zn、Ba、甲苯二异氰酸酯、三甲苯、甲基丙烯酸乙酯、DBP、甲苯、苯乙烯、乙酸乙酯、二甲苯、甲基丙烯酸甲酯，《危险废物鉴别标准　浸出毒性》（GB 5085.3—2007），浸出毒性浓度限值加和为 469 mg/L，远远大于本研究结果，表明本研究结果相对较严。

将表 4-7 中的值代入式（4-25），可以计算得出污泥中 $C_{T致癌}$ 总和为 2 536 mg/kg，漆渣中 $C_{T致癌}$ 总和为 47.68 mg/kg。

非致癌物以铜的浸出浓度为基准的转化方法：

$$C_{T非致癌} = 10 \times C_{TCu} + 10 \times C_{T1} \times \frac{0.04}{RfD_1} + 10 \times C_{T2} \times \frac{0.04}{RfD_2} + \cdots + 10 \times C_{Ti} \times \frac{0.04}{RfD_i} + C_{Tj} \times \frac{0.04}{RfD_j} \quad （4\text{-}26）$$

式中，C_{Ti} 为废物中非致癌重金属的硝酸浸出毒性，mg/L，各类废物中的重金属硝酸浸出毒性统计值见表 4-8。C_{Tj} 为废物中非致癌有机污染物的含量（当废物中非致癌有机污染物的含量小于其在水中的溶解度时，浸出液浓度取值为非致癌有机污染物的含量；当大于其在水中的溶解度时，浸出液浓度取值为非致癌有机污染物水中的溶解度 mg/L×1 L/kg），mg/kg，各类废物中的有机物含量统计值见表 4-9；10 为单位转换系数，单位为 L/kg。

表 4-8　染料涂料类废物中非致癌重金属硫酸硝酸浸出浓度统计　　　　单位：mg/L

种类	Ba	Co	Cr	Cu	Zn
漆渣	0.008	0.032	0.467	1.33	4.94
污泥	1.324	0.02	0.010	0.65	1.99

表 4-9　染料涂料类废物中非致癌有机污染物含量统计值　　　　单位：mg/kg

污染物	甲苯	二甲苯	乙酸乙酯	萘	芴
漆渣	6.44	46.6	4.54	—	—
污泥	41	1	2.6	579	34
溶解度/（mg/L）	526	198	8 500	31	0.19
污染物	苊	蒽	荧蒽	邻苯二甲酸二丁酯	苯酚
漆渣	—	—	—	18.05	10
污泥	107	12	31	—	—
溶解度/（mg/L）	0.135	1.29	0.26	11.2	82 800

将表 4-8 和表 4-9 中的值代入式（4-7），可以计算得出污泥中 $C_{T非致癌}$ 总和为 1 410 mg/kg，漆渣中 $C_{T非致癌}$ 总和为 317 mg/kg。

贮存场染料涂料类废物因降雨产生的渗滤液中致癌或非致癌物 i 的浓度 C_{oi} 可由下式计算得出：

$$C_{oi} = \frac{C_{Ti} \times m}{L \times 1\,000} \quad （4\text{-}27）$$

同样：

$$\sum C_i = \frac{\sum C_T \times m}{P \times A \times 1\,000} \quad （4\text{-}28）$$

由式（4-28）可得出废物年贮存量的表达式：

$$m = \frac{\sum C_i \times P \times A \times 1\,000}{\sum C_T} \tag{4-29}$$

式中，$\sum C_T$ 为各污染物的当量浓度，mg/kg，污泥中 $C_{T致癌}$ 总和为 2 536 mg/kg，漆渣中 $C_{T致癌}$ 总和为 47.68 mg/kg。污泥中 $C_{T非致癌}$ 总和为 1 410 mg/kg，漆渣中 $C_{T致癌}$ 总和为 317 mg/kg。P 为当地年均降雨量，1.1 m；A 为污泥堆存面积，6 m²；$P \times A$ 为染料涂料废物贮存时所占的面积承受的降雨量，即渗滤液体积，m³；1 000 为单位转换系数。

由式（4-29）可得：

污泥 $m_{致癌}$=0.48 kg；漆渣 $m_{致癌}$=26.05 kg；

污泥 $m_{非致癌}$=385.8 kg；漆渣 $m_{非致癌}$=1 716 kg。

从非致癌物和致癌物对人体健康产生危害的角度综合考虑，风险可接受范围内，染料涂料类废物的污泥在贮存环节的贮存量为 0.48 kg、漆渣的贮存量为 26.05 kg/a。可见，染料涂料类废物（固态）在贮存环节，可豁免量极小，没有豁免管理意义。

4.3.1.2 基于大气扩散暴露场景

（1）反推过程

染料涂料类废物中含有大量可挥发的有机污染物，当企业不对这类进行包装，但将其堆存在半封闭堆场中（不会因降雨发生淋滤作用），此时会通过呼吸途径对人体健康产生风险。因此反推场景采用基于大气扩散的暴露场景，反推计算过程示意见图 4-4。

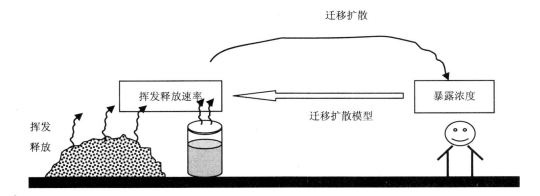

图 4-4　呼吸途径反推示意图

如图 4-4 所示，根据可接受的风险值，可以反推计算出空气中人体可接受的暴露浓度（摄入浓度），然后根据污染物在大气中的迁移扩散，反推计算废物表面可接受的废物释放速率。

1）可接受暴露浓度

①致癌效应

根据 USEPA 人体健康风险评价方法中致癌风险的表达式，可将人体长期可接受暴露量表示为：

$$\text{Dose} = \frac{R}{\text{CSF}} \qquad (4\text{-}30)$$

废物中污染物主要以有机污染物为主，且苯的致癌效应要高于其他有机污染物，所以研究中致癌物质可接受剂量均可归一化为苯的致癌效应（具体归一化方法见后）。因此致癌斜率因子 CSF 为 0.029 mg/（kg·d）[①]；R 为可接受风险值，取 1×10^{-6}，可以计算出 Dose 为 3.4×10^{-5} mg/（kg·d）。

根据可接受的致癌物质暴露量，可以计算经呼吸途径，人体允许吸入的空气中的致癌物质的浓度，称致癌物质暴露浓度。由于空气中可同时含有多种致癌物质，因此可将暴露浓度表示为 $\sum C_{致癌}$，其计算式如下：

$$\sum C_{致癌} = \frac{\text{Dose}\times\text{BW}\times\text{AT}}{\text{CR}\times F_E \times D_E} \qquad (4\text{-}31)$$

式中，Dose 为人体长期可接受致癌物质暴露量，3.4×10^{-5} mg/（kg·d）；BW 为人体平均体重，取 60 kg；AT 为平均时间，取人类平均寿命 70 年共有的天数，d；CR 为呼吸速率，成人取 13.3 m³/d[②]；F_E 为暴露频率，取 $365\times0.662\,5$ d/a[③]；D_E 为持续暴露时间，取 40 年。

经式（4-31）计算，在可风险可接受范围内，$\sum C_{致癌}$ 为 2.70×10^{-4} mg/m³。

②非致癌效应

非致癌物中甲苯的非致癌效应最大（这里主要是挥发性有机物，没有考虑重金属），可将所有非致癌物质的致癌效应归一为甲苯的非致癌效应（具体归一化方法见后），可接受非致癌物质的剂量（暴露量）的计算表达式为：

$$C_{\text{avg}} = \text{HQ}\times\text{RfC} \qquad (4\text{-}32)$$

式中，C_{avg} 为暴露期间的可接受污染物平均浓度，mg/m³；HQ 为可接受的危害商，取 1；RfC 为每日参考剂量，取 0.4 mg/m³（甲苯的 RfC 值），计算出可接受平均浓度为 0.4 mg/m³，即各种非致癌物质的浓度加和 $\sum C_{非致癌}$ 为 0.4 mg/m³。

2）可接受的释放速率

①致癌效应

挥发性污染物从废物中释放后进入大气，经大气迁移扩散至受体，根据污染物在大气中的迁移扩散模型，可以由致癌物质的可接受暴露浓度加和（$\sum C_{致癌}$）反推计算污染物在废物表面的浓度（释放速率，Q_0）。反推计算式如下：

$$Q_0 = \frac{\sum C_{致癌}\times 2\pi V_a}{\int_x \frac{VD}{\sigma_y\sigma_z}\left\{\int_y \exp\left[-0.5\left(\frac{y}{\sigma_y}\right)^2\right]dy\right\}dx}\times\frac{1}{K} \qquad (4\text{-}33)$$

式中，$\sum C_{致癌}$ 表示可接受的暴露浓度，为 2.70×10^{-4} mg/m³；K 为单位转换系数；D 为削减项污染物因物理或化学机制所引起的削减，本研究中 $D=1$，即不考虑削减；σ_y、σ_z 分别

---

① 参考美国 3MRA 方法提供的各有害物质的 CSF 值，0.029 为苯通过吸入的 CSF 值。
② 美国环保局推荐使用数据。
③ 3MRA 中推荐使用的人体在暴露区停留的日均时间为 0.662 5 h/d。

为水平方向和垂直方向的扩散系数，m，参照《制定地方大气污染物排放标准的技术方法》（GB/T 13201—91）：根据大气稳定度，查扩散系数幂函数表，确定扩散系数；x、y 分别为下风向和横截风向距离，m，由敏感点距离和贮存场尺度决定；V_a 为释放高度处的平均风速，m/s，现场调研获取；V 为垂直项，用于表述污染组分在垂向上的分布状况，与受体高度（Z）和污染物在垂直方向上的扩散系数（σ_z）有关。

表 4-10　各参数的取值

序号	参数	符号	取值	单位	来源
1	气象站的海拔高度	—	377.6	m	现场调研
2	场地海拔高度	—	235	m	现场调研
3	场地年平均风速	—	1.1	m/s	现场调研
4	场地长	—	3	m	调研数据统计
5	场地宽	—	2	m	调研数据统计
6	敏感点距离	—	300	m	调研数据统计
7	受体高度	Z	1.6	m	
8	大气稳定	—	B	—	现场调研

将表 4-10 的参数代入式（4-33）可以计算得致癌物质的释放率（$Q_{0\,致癌}$）为 0.529 2 mg/s。

②非致癌效应

同样可以计算得非致癌物质的释放率（$Q_{0\,非致癌}$）为 770.5 mg/s。

（2）豁免标准
①可接受的贮存面积
挥发性有机物的释放速率（Q）可以表示为：

$$Q = A \times V_i \tag{4-34}$$

式中，A 为废物堆存面积，m^2；V_i 为挥发速率，mg/（$m^2 \cdot s$），参见表 5-13；因此，由式（4-34）可得在风险可接受范围内废物的贮存面积（A）为：

$$A = Q/V_i \tag{4-35}$$

对致癌物质，将废物中所含致癌物质的 V_i 值，以苯为标准物（CSF 值为 0.029 mg/（kg·d），按照空气中致癌物质的 CSF 值进行转化，由于挥发性物质中只有苯为致癌物质，所以致癌 V_i=1.085 mg/（$m^2 \cdot s$）；对非致癌物质，将废物中所含非致癌物质的 V_i 值，以甲苯为标准物（RfC 值为 0.4 mg/m^3），按照空气中致癌物质的 RfC 值进行转化：

$$V_{i非致癌} = V_{i1} \times \frac{0.4}{RfC_1} + V_{i2} \times \frac{0.4}{RfC_2} + V_{甲苯} + \cdots + V_i \times \frac{0.4}{RfC_i} \tag{4-36}$$

计算结果为：致癌，V_i=1.085 mg/（$m^2 \cdot s$）；非致癌，V_i=0.8 mg/（$m^2 \cdot s$）。根据式（4-35），可以计算得可接受的染料涂料类废物贮存面积为：致癌，0.34 m^2；非致癌，963 m^2。

表 4-11 涂料用溶剂的挥发速率

溶剂	相对挥发速率	挥发速率（常温）/[mg/（$m^2 \cdot s$）]
苯	3.5	1.085
甲苯	2	0.62
二甲苯	0.77	0.238 7
苯乙烯	0.32	0.099 2
乙酸乙酯	4.1	1.271
乙酸正丁酯	1	0.31

数据来源：杨春晖. 涂料配方设计与制备工艺[M]. 北京：化学工业出版社，2003.

②可接受的豁免量

废物贮存面积可以表示为：

$$A = \frac{m}{h \times \rho} \qquad (4-37)$$

式中，m 为废物贮存量，kg；h 为废物贮存高度，m，根据现场调研数据的统计结果，分别取 1.2 m（废油墨油漆）、0.6 m（漆渣）；ρ 为废物密度，根据样品测试结果，废油墨油漆、漆渣的密度分别为 730 kg/m^3、292 kg/m^3。

由式（4-37）可以计算可接受的废物贮存量：

$$m = A \times h \times \rho \qquad (4-38)$$

式中，A 为废物可接受的贮存面积，m^2。

根据式（4-38）可以计算得不同染料涂料类废物允许的贮存量：废油墨油漆，262 kg；漆渣，52.5 kg。

4.3.1.3 小结

（1）有包装、开放堆场、无防渗系统：漆渣的豁免量应为 26.05 kg/a。

（2）废物桶装（无盖）、开放或半封闭堆场、地面有硬化和防渗系统：废物允许贮存量为：废油墨油漆为 262 kg，漆渣为 52.5 kg。

（3）但对污泥而言，无论产量多少其贮存环节均不能得到豁免。

4.3.2 处置环节

染料涂料类废物一般处置途径为焚烧，由于焚烧处置对有机物的去除率达到 99.9%，其对环境带来的影响相对填埋处置来说可忽略。少量废物在豁免管理的情况下有可能会被送入生活垃圾填埋场，所以在本研究中废物的处置只考虑废物的填埋。

4.3.2.1 反推过程

染料涂料类废物进入生活垃圾填埋场，人体健康风险评价场景采用第 3 章建立的填埋处置场景。反推过程示意如图 4-3 所示。

根据可接受的风险值，可以反推计算出饮用水中人体可接受的暴露浓度，然后根据污染物在含水层中的迁移转化，反推计算进入包气带的污染物浓度，同样依据污染物在包气带中的迁移模型，可以反推污染物释放点处的浓度（渗滤液中污染物浓度）。然后根据废物中污染物的释放，可以获得危险废物豁免应满足的限值。

（1）污染物允许暴露量

1）致癌效应

根据 USEPA 人体健康风险评价方法中致癌风险的表达式，可将人体长期可接受暴露量表示为：

$$\text{Dose} = \frac{R}{\text{CSF}} \qquad (4\text{-}39)$$

式中，根据目标污染物识别和样品分析的结果，染料涂料类废物中具有致癌效应的有重金属 Pb、有机污染物苯等。废物中污染物主要以有机污染物为主，且苯的致癌效应要高于 Pb，所以研究中致癌物质可接受剂量均可归一化为苯的致癌效应（具体归一化方法见后）。因此致癌斜率因子 CSF 为 0.029 mg/（kg·d）；R 为可接受风险值，取 1×10^{-6}，可以计算出 Dose 为 3.4×10^{-5} mg/（kg·d）。

根据可接受的致癌物质暴露量，可以计算经饮用水途径，人体允许摄入的饮用水中的致癌物质的浓度，称致癌物质暴露浓度。由于饮用水中可同时含有多种致癌物质，因此可将暴露浓度表示为 $\sum C_{致癌}$，其计算式如下：

$$\sum C_{致癌} = \frac{\text{Dose} \times \text{BW} \times \text{AT}}{\text{CR} \times F_E \times D_E} \qquad (4\text{-}40)$$

式中，Dose 为人体长期可接受致癌物质暴露量，3.4×10^{-5} mg/（kg·d）；BW 为人体平均体重，取 60 kg；AT 为平均时间，取人类平均寿命 70 年共有的天数，d；CR 为饮用水摄入速率，成人取 2 L/d；F_E 为暴露频率，取 $365\times0.662\,5$ d/a；D_E 为持续暴露时间，取 70 年。

计算得出，在可风险可接受范围内，$\sum C_{致癌}$ 为 1.56×10^{-3} mg/L。

2）非致癌效应

饮用水中很多物质具有非致癌效应，包括重金属和有机污染物，但这些非致癌物中铜的非致癌效应最大，可将所有非致癌物质的致癌效应归一为 Cu 的致癌效应（具体归一化方法见后），可接受非致癌物质的剂量（暴露量）的计算表达式为：

$$\text{Dose} = \text{HQ} \times \text{RfD} \qquad (4\text{-}41)$$

式中，HQ 为可接受的危害商，取 1；RfD 为每日参考剂量，取 0.04 mg/（kg·d）（Cu 的 RfD 值），计算出可接受剂量为 0.04 mg/（kg·d）。

根据可接受的非致癌物质暴露量，可以计算经饮用水途径，人体允许摄入的饮用水中的非致癌物质的浓度，称非致癌物质暴露浓度，由于饮用水中可同时含有很多种致癌物质，因此可将暴露浓度表示为 $\sum C_{非致癌}$，其计算式如下：

$$\sum C_{非致癌} = \frac{\text{Dose} \times \text{BW}}{\text{CR}} \qquad (4\text{-}42)$$

式中，Dose 为每日可接受剂量，为 0.04 mg/（kg·d）；其他参数意义及取值同致癌风险计算。

由此可计算出风险可接受范围内非致癌物的暴露浓度和（$\sum C_{非致癌}$）为 1.2 mg/L。

（2）污染物允许释放浓度

1）致癌效应

污染物释从废物中释放后放进入环境（此时浓度称为释放点浓度），经包气带、含水层迁移至暴露点，最终到达受体，此时的浓度为暴露浓度（$\sum C_{致癌}$），因此根据污染物在含水层中的迁移转化模型，可以由计算所得的各致癌物质的暴露浓度和（$\sum C_{致癌}$）反推计算污染物在由包气带进入含水层的浓度$\sum C_{i致癌}$，计算过程与贮存环节相同。然后根据$\sum C_{i致癌}$反推计算释放点处渗滤液中各致癌物的浓度和$\sum C_{0致癌}$，即为渗滤液浓度（因降雨作用，染料涂料类废物中的致癌物被淋滤溶出，形成渗滤液，渗滤液中所有致癌物质的浓度总和）。

$$\sum C_{0致癌} = \frac{\sum C_{i致癌}(Z,t)}{E(Z,t)} \tag{4-43}$$

将各参数代入计算式（取值见表 5-2），用 Matlab 程序运行计算得出释放点渗滤液中所有致癌物浓度和（$\sum C_{0致癌}$）为 0.025 4 mg/L。

由于染料涂料废物进入生活垃圾填埋场，除了染料涂料废物产生致癌性污染物，填埋场中其他废物也可能同时产生污染物，应综合考虑其他废物产生的风险，即要赋予安全系数。通过计算，试点城市染料涂料的年产量与填埋场垃圾的年加载量的比值（0.057 9）作为染料涂料中污染物占整个填埋场污染物的比例（此种假设条件下，生活垃圾的有机污染物释放能力与染料涂料废物相同，因此是较为安全的系数）。t 取 24 年，根据模型计算所得敏感点污染物浓度达到峰值的时间。模型计算的其他参数及其取值见贮存环节。经计算得释放点处渗滤液中各致癌物的浓度和 $\sum C_{0致癌}$ 为 0.001 5 mg/L。

2）非致癌效应

同样地，可以计算释放点处渗滤液中各非致癌物的浓度和 $\sum C_{0非致癌}$ 为 1.27 mg/L。

4.3.2.2 豁免限值

渗滤液中各污染物浓度（$\sum C_{0致癌}$）的计算方法如下：

$$\sum C_{0致癌} = \frac{\sum C_{T} \times m}{L \times 1\,000} \tag{4-44}$$

式中，m 为废物填埋量，kg/a；$\sum C_{T}$ 为各污染物的含量，mg/kg；L 为填埋场年产生的渗滤液的体积，取 44 000 m³/a。其计算式为：

$$L = (P - E)A + \frac{0.2m_{24}}{24} \tag{4-45}$$

式中，P 为填埋场所在地的年均降雨量，取 1.1 m；E 为填埋场所在地的年均蒸发量，0.5 m；A 为填埋场的表面积，40 000 m²（假设目标危险废物进场后沿填埋场表面均匀分布），在实际的场景中，有多种目标污染物，在反推过程中，为了便于计算，可以将所有致癌物和非致癌物的浓度转化为甲苯和 Cu 的当量浓度。致癌物转化方法如下：

$$C_{T致癌} = C_{T,Pb} \times 10 \times \frac{CSF_{Pb}}{0.029} + C_{T1} \times \frac{CSF_1}{0.029} + C_{T苯} + \cdots + C_{Ti} \times \frac{CSF_i}{0.029} \quad (4\text{-}46)$$

式中，$C_{T,Pb}$ 为废物中 Pb 的醋酸浸出毒性，漆渣、污泥、废油墨废油漆中 Pb 醋酸浸出毒性的统计值分别为 0.94、0.45、0.08 mg/L；10 为单位转换系数，单位为 L/kg；CSF_i 为有机致癌物致癌斜率因子，mg/（kg·d）；C_{Ti} 为废物中各有机致癌物含量（当废物中非致癌有机污染物的含量小于其在水中的溶解度时，浸出液浓度取值为非致癌有机污染物的含量；当大于其在水中的溶解度时，浸出液浓度取值为非致癌有机污染物水中的溶解度 mg/L×1 L/kg），mg/kg。漆渣、污泥和废油墨油漆中致癌物含量统计值见表 4-12，0.029 为苯的 CSF 值。

表 4-12　染料涂料类废物中致癌物质含量统计　　　　单位：mg/kg

污染物	Pb/(mg/L)	苯	苯并[a]蒽	䓛	苯并[b]荧蒽	苯并[k]荧蒽	苯并[a]芘	邻苯二甲酸二（2-乙基己基）酯
漆渣	2.94	1.13	—	—	—	—	—	96.28
污泥	10.57	—	2.9	43	5	2.4	9.2	9.5
废油墨油漆	4.43	13.55	—	—	—	—	—	—
CSF	0.008 5	0.029	0.73	0.007 3	0.73	0.073	7.3	0.014

通过计算，得出染料涂料中各类废物的致癌物含量分别为 2 537 mg/kg（污泥），50.37 mg/kg（漆渣），13.55 mg/kg（废油墨油漆）。

非致癌物以铜的浸出浓度为基准的转化方法：

$$C_{T非致癌} = 10 \times C_{T,Cu} + 10 \times C_{T1} \times \frac{0.04}{RfD_1} + 10 \times C_{T2} \times \frac{0.04}{RfD_2} + \cdots + 10 \times C_{Ti} \times \frac{0.04}{RfD_i} + C_{Tj} \times \frac{0.04}{RfD_j} \quad (4\text{-}47)$$

式中，$C_{T,i}$ 为废物中非致癌重金属的醋酸浸出毒性，mg/L，各类废物中的重金属醋酸浸出毒性统计值见表 4-13；C_{Tj} 为废物中非致癌有机污染物的含量（当废物中非致癌有机污染物的含量小于其在水中的溶解度时，浸出液浓度取值为非致癌有机污染物的含量；当大于其在水中的溶解度时，浸出液浓度取值为非致癌有机污染物水中的溶解度 mg/L×1 L/kg），mg/kg；漆渣和污泥中有机非致癌物含量统计值见表 4-8 和表 4-9，废油墨油漆有机非致癌物质含量统计值表 4-14；10 为单位转换系数，单位为 kg/L。

表 4-13　重金属类非致癌物质醋酸浸出毒性含量统计　　　　单位：mg/L

废物种类	重金属类浸出毒性含量				
	Ba	Co	Cr	Cu	Zn
漆渣	0.01	0.16	14.01	0.941	98.7
污泥	4.41	0.16	0.3	0.45	39.8
废油墨油漆	0.098	0.056	0.03	0.08	23.47

表4-14　废油墨油漆废物中非致癌有机物含量统计

污染物	甲苯	二甲苯	三甲苯	苯乙烯	乙酸乙酯	萘	甲基丙烯酸甲酯
含量/（mg/kg）	94.89	47 581	57.5	5	10.3	47.2	5
溶解度（mg/L）	526	198	310	8 500	31	364	100

污染物	荧蒽	邻苯二甲酸二丁酯	邻苯二甲酸二乙酯	苯酚	丙酮	甲醛
含量/（mg/kg）	0.4	28.28	5.3	10	2	55
溶解度（mg/L）	—	400	—	80 000	易溶	易溶

将表4-8、表4-9、表4-13、表4-14中的统计值代入式（4-26），可以计算得出染料涂料中各类废物的非致癌物含量（$\sum C_{\text{T非致癌}}$）。其中，污泥为1 825 mg/kg；漆渣为2 284 mg/kg；废油墨油漆为1 257 mg/kg。

将$\sum C_0$和$\sum C_T$分别代入式（5-67），可计算得染料涂料类废物的年填埋量为：

致癌效应：污泥，54.08 kg；漆渣，2 968 kg；废油墨油漆，1 028 kg。

非致癌效应：污泥，42 561 kg；漆渣，36 993 kg；废油墨油漆，4 192 kg。

综合考虑致癌和非致癌效应，染料涂料类废物中可进入填埋的量为：污泥54.08 kg；漆渣，2 968 kg；废油墨油漆，1 028 kg。可见，污泥可进入的量小，豁免意义不大还增加管理难度，建议禁止进入填埋场。对于管理部门来说，一般不鼓励企业将漆渣和废油墨油漆类废物送至生活垃圾填埋场处置，但对于年产量较小的企业，管理部门可以允许数家企业将漆渣和废油墨油漆类废物送至填埋场处置，但进入填埋场的总量应受到控制。如果漆渣和废油墨油漆单独进入填埋场，其豁免填埋量分别为3 t、1.0 t。如果要同时进入填埋场，可按下式计算填埋量：（漆渣数量/3 t+废油墨油漆数量/1.0 t）≤1.0。

4.4 废矿物油豁免标准建立

4.4.1 贮存环节

废矿物油形态多样，大部分为液态，但也有固态和半固态，如油泥和含油废水处理污泥。废矿物油中污染物主要以可挥发性的有机污染物为主，此外还含有少量的重金属。在得到豁免的情况下，由于放松贮存要求而可能因降雨或挥发作用，通过饮用水和呼吸途径对人体健康造成风险。因此，废矿物油贮存环节豁免标准的反推场景采用基于地下水迁移扩散的暴露场景和基于大气扩散的暴露场景（见4.2.1）。

4.4.1.1 基于地下水迁移扩散的暴露场景

（1）反推过程

风险最大的场景是含油废水处理污泥（含油废水处理污泥）在开放堆场且无防渗设施的贮存场所。因降雨的淋滤作用，废物中的有害物会进入渗滤液并渗入土壤进而迁移至地下水，该场景中主要考虑通过地下水途径造成人体健康风险。

1）可接受暴露浓度

①致癌效应

根据 USEPA 人体健康风险评价方法中致癌风险的表达式，可将人体长期可接受暴露量表示为：

$$\text{Dose} = \frac{R}{\text{CSF}} \tag{4-48}$$

式中，根据目标污染物识别和样品分析的结果，矿物油类废物中具有致癌效应的有重金属 Pb、苯等。废物中污染物主要以有机污染物为主，且苯的致癌效应要高于 Pb，所以研究中致癌物质可接受剂量均可归一化为苯的致癌效应（具体归一化方法见式（4-52））。因此致癌斜率因子 CSF 为 0.029 mg/（kg·d）；R 为可接受风险值，取 1×10^{-6}，可以计算出 Dose 为 3.4×10^{-5} mg/（kg·d）。

根据可接受的致癌物质暴露量，可以计算经饮用水途径，人体允许摄入的饮用水中的致癌物质的浓度，称致癌物质暴露浓度（$C_{致癌}$），其计算式如下：

$$C_{致癌} = \frac{\text{Dose}\times\text{BW}\times\text{AT}}{\text{CR}\times F_{\text{E}}\times D_{\text{E}}} \tag{4-49}$$

式中，Dose 为人体长期可接受致癌物质暴露量，3.4×10^{-5} mg/（kg·d）；BW 为人体平均体重，取 60 kg；AT 为平均时间，取人类平均寿命 70 年共有的天数，d；CR 为饮用水摄入速率，成人取 2 L/d；F_{E} 为暴露频率，取 $365\times0.662\,5$ d/a；D_{E} 为持续暴露时间，取 40 年。

经过计算，在可风险可接受范围内，$C_{致癌}$ 为 0.002 74 mg/L。我国生活饮用水标准（GB 5749—2006）中苯的限值为 0.01 mg/L。

②非致癌效应

含油废水处理污泥中多种重金属具有非致癌效应，可将所有非致癌物质的致癌效应归一为 Cu 的非致癌效应（具体归一化方法见式（4-53）），可接受非致癌物质的剂量（暴露量）的计算表达式为：

$$\text{Dose} = \text{HQ}\times\text{RfD} \tag{4-50}$$

式中，HQ 为可接受的危害商，取 1；RfD 为每日参考剂量，取 0.04 mg/（kg·d）（Cu 的 RfD 值），计算出可接受剂量为 0.04 mg/（kg·d）。

根据可接受的非致癌物质暴露量，可以计算经饮用水途径，人体允许摄入的饮用水中的非致癌物质的浓度，称非致癌物质暴露浓度，由于饮用水中可同时含有多种非致癌物质，因此可将暴露浓度表示为 $\sum C_{非致癌}$，其计算式如下：

$$\sum C_{非致癌} = \frac{\text{Dose}\times\text{BW}}{\text{CR}} \tag{4-51}$$

式中，Dose 为每日可接受剂量，为 0.04 mg/（kg·d）；其他参数意义及取值同致癌风险计算。

由此可计算出风险可接受范围内非致癌物的暴露浓度和（$\sum C_{非致癌}$），为 1.2 mg/L。

2）污染物允许释放浓度

①致癌效应

污染物释从废物中释放后放进入环境（此时浓度称为释放点浓度），经包气带、含水层迁移至暴露点，最终到达受体，此时的浓度为暴露浓度（$\sum C_{致癌}$），因此根据污染物在含水层中的迁移转化模型，可以由计算所得的各致癌物质的暴露浓度和（$\sum C_{致癌}$）反推计算污染物在由包气带进入含水层的浓度$\sum C_{i\,致癌}$。

具体计算过程及各参数取值同电镀污泥贮存环节反推过程。计算得出释放点渗滤液中所有致癌物浓度和（$\sum C_{0\,致癌}$）为 0.045 8 mg/L。该浓度小于苯在水中的溶解度（1 800 mg/L，25℃）。

②非致癌效应

同样可以计算出$\sum C_{0\,非致癌}$为 20.35 mg/L。

（2）豁免标准

在实际的场景中，有多种目标污染物（包括致癌和非致癌），因此存在着各种目标污染物风险的加和（本研究中没有考虑拮抗或协同效应）。但在反推过程中，为了便于计算，可以将所有致癌物和非致癌物的浓度转化为苯和 Cu 的当量浓度。将废矿物油中致癌物含量（表 4-15）代入式（4-52）得致癌浓度（$C_{T\,致癌}$）为 300.1 mg/kg。

$$C_{T致癌} = C_{T,Pb} \times 10 \times \frac{CSF_{Pb}}{0.029} + C_{T1} \times \frac{CSF_1}{0.029} + C_{T苯} + \cdots + C_{Ti} \times \frac{CSF_i}{0.029} \tag{4-52}$$

表 4-15　含油废水处理污泥中致癌物质含量统计

致癌物	Pb	苯
硝酸浸出毒性/含量	0.03 mg/L	268 mg/kg
溶解度/（mg/L）	—	1 800
CSF（摄入）	0.008 5	0.029

非致癌物以铜的浸出浓度为基准的转化方法：

$$C_{T非致癌} = 10 \times C_{T,Cu} + 10 \times C_{T1} \times \frac{0.04}{RfD_1} + \cdots + 10 \times C_{Ti} \times \frac{0.04}{RfD_i} + C_{Tj} \times \frac{0.04}{RfD_j} \tag{4-53}$$

式中，$C_{T\,i}$为废矿物油中非致癌重金属的硝酸浸出毒性，mg/L，废矿物油中的重金属硝酸浸出毒性统计值见表 4-16。$C_{T\,j}$为浸出液中非致癌有机物污染物浓度（当废矿物油中非致癌有机污染物的含量小于其在水中的溶解度时，浸出液浓度取值为非致癌有机污染物的含量；当大于其在水中的溶解度时，浸出液浓度取值为非致癌有机污染物水中的溶解度），mg/L，废矿物油中的有机物含量统计值见表 4-16；10 为单位转换系数。RfD_i和RfD_j分别为各重金属和有机物的参考剂量，mg/（kg·d）；0.04 为 Cu 的参考剂量。

表 4-16　含油废水处理污泥中非致癌物质含量统计

名称	Zn	Cr	Ni	Cu	萘	苊	蒽	芘
硝酸浸出毒性/（mg/L）	0.81	0.044	0.19	0.11	—	—	—	—
含量/（mg/kg）	—	—	—	—	280	85	35	2.5
溶解度/（mg/L）	—	—	—	—	31	0.19	1.29	0.135
RfD（摄入）/[mg/（kg·d）]	0.3	0.003	0.02	0.04	0.02	0.04	0.30	0.03

将表 4-16 中的值代入式（4-54），可以计算得出含油废水处理污泥中 $C_{T\,非致癌}$ 总和为 109.5 mg/kg。

贮存场含油废水处理污泥因降雨产生的渗滤液中致癌或非致癌物 i 的浓度 C_{0i} 可由下式计算得出：

$$C_{0i} = \frac{C_{Ti} \times m}{L \times 1\,000} \tag{4-54}$$

同样：

$$\sum C_{0,i} = \frac{\sum C_T \times m}{P \times A \times 1\,000} \tag{4-55}$$

废物年贮存量的表达式：

$$m = \frac{\sum C_{0,i} \times P \times A \times 1\,000}{\sum C_T} \tag{4-56}$$

式中，$\sum C_{0\,致癌}$ 为 0.045 8 mg/L，$\sum C_{0\,非致癌}$ 为 20.35 mg/L；$\sum C_T$ 为各污染物的当量浓度，mg/kg，含油污泥中 $C_{T\,致癌}$ 总和为 300.1 mg/kg，$C_{T\,非致癌}$ 总和为 109.5 mg/kg；P 为当地年均降雨量，1.1m；A 为污泥堆存面积，25.2 m²；$P \times A$ 为废矿物油贮存时所占的面积承受的降雨量，即渗滤液体积，m³；1 000 为单位转换系数。

由式（4-56）可得：致癌效应 m 为 4.2 kg，非致癌效应 m 为 5 151 kg。

在风险接受的范围内，可以豁免的废矿物油数量极少，没有实施豁免管理的价值，因此，在实际管理过程中，废矿物油在贮存环节实行严格的危险废物管理措施。

4.4.1.2 基于大气扩散的暴露场景

废矿物油中含有大量可挥发的有机污染物，当企业不对这类进行包装，但将其堆存在半封闭堆场中（不会因降雨发生淋滤作用），此时会通过呼吸途径对人体健康产生风险。因此反推场景采用贮存环节暴露基于大气扩散的暴露场景，反推计算过程示意见图 4-3。

（1）反推过程

1）可接受暴露浓度

①致癌效应

根据 USEPA 人体健康风险评价方法中致癌风险的表达式，可将人体长期可接受暴露量表示为：

$$\text{Dose} = \frac{R}{\text{CSF}} \tag{4-57}$$

废物中污染物主要以有机污染物为主，且苯的致癌效应要高于其他有机污染物，所以研究中致癌物质可接受剂量均可归一化为苯的致癌效应（具体归一化方法见后）。因此致癌斜率因子 CSF 为 0.029 mg/（kg·d）（表 5-2）；R 为可接受风险值，取 1×10^{-6}，可以计算出 Dose 为 3.4×10^{-5} mg/（kg·d）。

根据可接受的致癌物质暴露量，可以计算经呼吸途径，人体允许吸入的空气中的致癌物质的浓度，称致癌物质暴露浓度。由于空气中可同时含有很多种致癌物质，因此可将暴露浓度表示为$\sum C_{致癌}$，其计算式如下：

$$\sum C_{致癌} = \frac{\text{Dose} \times \text{BW} \times \text{AT}}{\text{CR} \times F_E \times D_E} \qquad (4\text{-}58)$$

式中，Dose 为人体长期可接受致癌物质暴露量，3.4×10^{-5} mg/（kg·d）；BW 为人体平均体重，取 60 kg；AT 为平均时间，取人类平均寿命 70 年共有的天数，d；CR 为呼吸速率，成人取 13.3 m³/d；F_E 暴露频率，取 $365 \times 0.662\,5$ d/a；D_E 为持续暴露时间，取 40 年。

由此可计算出在可风险可接受范围内，$\sum C_{致癌}$ 为 2.70×10^{-4} mg/m³。

②非致癌效应

非致癌物中甲苯的非致癌效应最大，可将所有非致癌物质的非致癌效应归一为甲苯的非致癌效应（具体归一化方法见式（4-63）），可接受非致癌物质的剂量（暴露量）的计算表达式为：

$$C_{avg} = \text{HQ} \times \text{RfC} \qquad (4\text{-}59)$$

式中，C_{avg} 为暴露期间的可接受污染物平均浓度，mg/m³；HQ 为可接受的危害商，取 1；RfC 为每日参考剂量，取 0.4 mg/m³（甲苯的 RfC 值），计算出可接受平均浓度为 0.4 mg/m³，即各种非致癌物质的浓度加和$\sum C_{非致癌}$ 为 0.4 mg/m³。

2）可接受的释放速率

①致癌效应

可挥发性污染物释从废物中释放后进入大气，经大气迁移扩散至受体，根据污染物在大气中的迁移扩散模型，可以由计算所得的致癌物质的可接受暴露浓度和（$\sum C_{致癌}$）反推计算污染物在废物表面的浓度（释放速率，Q_0）。反推计算式如下：

$$Q_0 = \frac{\sum C_{致癌} \times 2\pi V_a}{\int_x \frac{VD}{\sigma_y \sigma_z} \left\{ \int_y \exp\left[-0.5 \left(\frac{y}{\sigma_y} \right)^2 \right] dy \right\} dx} \times \frac{1}{K} \qquad (4\text{-}60)$$

式中，$C_{致癌}$ 为可接受的暴露浓度，为 2.70×10^{-4} mg/m³；K 为单位转换系数；D 为削减项，污染物因物理或化学机制所引起的削减，本研究中 $D=1$，即不考虑削减；σ_y、σ_z 分别为水平方向和垂直方向的扩散系数，m，参照《制定地方大气污染物排放标准的技术方法》（GB/T 13201—1991）：根据大气稳定度，查扩散系数幂函数表，确定扩散系数；x、y 分别为下风向和横截风向距离，由敏感点距离和贮存场尺寸确定，通过现场调研获得；V_a 为释放高度处的平均风速，m/s，现场调研获取；V 为垂直项。污染组分在垂向上的分布状况，与受体高度（Z）和污染物在垂直方向上的扩散系数（σ_z）有关。

表 4-17　各参数的取值

序号	参数	符号	取值	单位	来源
1	气象站的海拔高度	—	377.6	m	现场调研
2	场地海拔高度	—	235	m	现场调研
3	场地年平均风速	—	1.1	m/s	现场调研
4	场地长	—	5.75	m	调研数据统计

序号	参数	符号	取值	单位	来源
5	场地宽	—	4.75	m	调研数据统计
6	敏感点距离	—	300	m	调研数据统计
7	受体高度	Z	1.6	m	现场调研
8	大气稳定	—	B 级	—	现场调研

将表 4-17 的参数代入式（4-60）可以计算得致癌物质的释放率（$Q_{0致癌}$）为 6.81 mg/s。

②非致癌效应

同样可以计算得非致癌物质的释放率（$Q_{0非致癌}$）为 1 008 mg/s。

（2）豁免标准

①可接受的贮存面积

挥发性有机物的释放速率可以表示为：

$$Q = A \times V_i \tag{4-61}$$

式中，A 为废物堆存面积；V_i 为挥发速率，见表 4-18；因此，由式（4-7）可得在风险可接受范围内废物的贮存面积（A）为：

$$A = Q/V_i \tag{4-62}$$

对致癌物质，将废物中所含致癌物质的 V_i 值，以苯为标准物［CSF 值为 0.029 mg/（kg·d）］，按照空气中致癌物质的 CSF 值（表 4-12）进行转化，由于挥发性物质中只有苯为致癌物质，所以致癌 V_i=1.085 mg/（m²·s）。

对非致癌物质，将废物中所含非致癌物质的 V_i 值，以甲苯[V_i 为 0.62 mg/（m²·s）]为标准物（RfC 值为 0.4 mg/m³），按照空气中致癌物质的 RfC 值（表 4-12）进行转化：

$$V_{i非致癌} = V_{i1} \times \frac{0.4}{RfC_1} + V_{i2} \times \frac{0.4}{RfC_2} + V_{甲苯} + \cdots + V_i \times \frac{0.4}{RfC_i} \tag{4-63}$$

计算结果为：致癌，V_i=1.085 mg/（m²·s）；非致癌，V_i=0.67 mg/（m²·s）。根据式（4-7），可以计算得可接受的废矿物油贮存面积为：致癌，0.51 m²；非致癌，120 m²。

表 4-18　废矿物油中含有的有机污染物的人体健康基准值

序号	污染物	RfD/[mg/（kg·d）]	RfC/（mg/m³）	CSF（摄入）/[mg/（kg·d）]	CSF（吸入）/[mg/（kg·d）]
1	萘	0.02	0.003	NTV	NTV
2	苊	0.06	NTV	NTV	NTV
3	芴	0.04	NTV	NTV	NTV
4	蒽	0.30	NTV	NTV	NTV
5	荧蒽	0.04	NTV	NTV	NTV
6	芘	0.03	NTV	NTV	NTV
7	苯并[a]蒽	NTV	NTV	0.73	NTV
8	䓛	NTV	NTV	0.007 3	NTV
9	苯并[b]荧蒽	NTV	NTV	0.73	NTV

序号	污染物	RfD/ [mg/（kg·d）]	RfC/ （mg/m³）	CSF（摄入）/ [mg/（kg·d）]	CSF（吸入）/ [mg/（kg·d）]
10	苯并[k]荧蒽	NTV	NTV	0.073	NTV
11	苯并[a]芘	NTV	NTV	7.30	NTV
12	茚苯[1,2,3-cd]芘	NTV	NTV	0.73	NTV
13	二苯并[a,h]蒽	NTV	NTV	7.30	NTV
14	苯	NTV	NTV	0.029	0.029
15	甲苯	0.2	0.4	NTV	NTV
16	苯乙烯	0.2	1.0	NTV	NTV
17	间二甲苯	2.0	NTV	NTV	NTV
18	邻二甲苯	2.0	NTV	NTV	NTV

②可接受的豁免量

废物贮存面积可以表示为：

$$A = \frac{m}{h \times \rho} \tag{4-64}$$

式中，m 为废物贮存量，kg；h 为废物贮存高度，m，根据现场调研数据的统计结果，取 1.2 m；ρ 为废物密度，根据样品测试结果，为 800 kg/m³。

由式（4-64）可以计算可接受的废物贮存量：

$$m = A \times h \times \rho \tag{4-65}$$

式中，A 为废物可接受的贮存面积 m²（假设贮存桶为敞口）。

通过计算，得到风险可控的贮存量：开放容器条件下（允许挥发性有机物自由挥发），液态废矿物油为 487 kg，取 500 kg/a。

4.4.1.3 小结

含油废水处理污泥在基于地下水迁移扩散的暴露场景中风险较大，不能进行豁免管理，液态废矿物油基于大气扩散的暴露场景中可豁免量为 487 kg/a。

4.4.2 填埋环节

废矿物油的最常用处置途径的是焚烧，由于焚烧处置对有机物的去除率达到 99.9%，其对环境带来的影响相对填埋处置来说可忽略，且小量废物在豁免管理条件下有可能会被送入填埋场，所以在本研究中废物的处置只考虑废物的填埋。由于废物在填埋过程中，随时会有覆土覆盖或聚乙烯膜覆盖，废物中污染物几乎不会扩散至空气中，因此在此只考虑污染物通过包气带扩散至地下水中，对人体健康产生影响。由 3.1 节可知，废矿物油中污染物组分及其含量与废物的形态有很大关系，因此在标准反推过程中分为固态（主要是含有废水处理污泥）和液态废矿物油分别进行计算。

4.4.2.1 反推过程

废矿物油进入生活垃圾填埋场，人体健康风险评价场景采用第 3 章建立的填埋处置场景。反推过程示意如图 4-3 所示。

根据可接受的风险值，可以反推计算出饮用水中人体可接受的暴露浓度，然后根据污染物在含水层中的迁移转化，反推计算进入包气带的污染物浓度，同样依据污染物在包气带中的迁移模型，可以反推污染物释放点处的浓度（渗滤液中污染物浓度）。然后根据废物中污染物的释放，可以计算出危险废物豁免应满足的标准。

（1）污染物允许暴露量

①致癌效应

根据 USEPA 人体健康风险评价方法中致癌风险的表达式，可将人体长期可接受暴露量表示为：

$$\text{Dose} = \frac{R}{\text{CSF}} \qquad (4\text{-}66)$$

式中，根据目标污染物识别和样品分析的结果，矿物油类废物中具有致癌效应的有重金属 Pb、有机污染物苯等。废物中污染物主要以有机污染物为主，且苯的致癌效应要高于 Pb，所以研究中致癌物质可接受剂量均可归一化为苯的致癌效应（具体归一化方法见式（4-73））。因此致癌斜率因子 CSF 为 0.029 mg/（kg·d）；R 为可接受风险值，取 1×10^{-6}，可以计算出 Dose 为 3.4×10^{-5} mg/（kg·d）。

根据可接受的致癌物质暴露量，可以计算经饮用水途径，人体允许摄入的饮用水中的致癌物质的浓度，称致癌物质暴露浓度。由于饮用水中可同时含有很多种致癌物质，因此可将暴露浓度表示为 $\sum C_{\text{致癌}}$，其计算式如下：

$$\sum C_{\text{致癌}} = \frac{\text{Dose} \times \text{BW} \times \text{AT}}{\text{CR} \times F_{\text{E}} \times D_{\text{E}}} \qquad (4\text{-}67)$$

式中，Dose 为人体长期可接受致癌物质暴露量，3.4×10^{-5} mg/（kg·d）；BW 为人体平均体重，取 60 kg；AT 为平均时间，取人类平均寿命 70 年共有的天数，d；CR 为饮用水摄入速率，成人取 2 L/d；F_{E} 为暴露频率，取 $365 \times 0.662\,5$ d/a；D_{E} 为持续暴露时间，取 70 年。

经式（4-67）计算，在可风险可接受范围内，$\sum C_{\text{致癌}}$ 为 1.56×10^{-3} mg/L。

②非致癌效应

废矿物油中多种重金属具有非致癌效应，这些非致癌物的非致癌效应可归一为 Cu 的致癌效应（具体归一化方法见式（4-74）），可接受非致癌物质的剂量（暴露量）的计算表达式为：

$$\text{Dose} = \text{HQ} \times \text{RfD} \qquad (4\text{-}68)$$

式中，HQ 为可接受的危害商，取 1；RfD 为每日参考剂量，取 0.04 mg/（kg·d）（Cu 的 RfD 值），计算出可接受剂量为 0.04 mg/（kg·d）。

根据可接受的非致癌物质暴露量，可以计算经饮用水途径，人体允许摄入的饮用水中的非致癌物质的浓度，称非致癌物质暴露浓度，由于饮用水中可同时含有很多种非致癌物质，因此可将暴露浓度表示为 $\sum C_{\text{非致癌值}}$，其计算式如下：

$$\sum C_{\text{非致癌}} = \frac{\text{Dose} \times \text{BW}}{\text{CR}} \qquad (4\text{-}69)$$

式中，Dose 为每日可接受剂量，为 0.04 mg/（kg·d）；其他参数意义及取值同致癌风险计算。

由此可计算出风险可接受范围内非致癌物的暴露浓度和（$\sum C_{非致癌}$）为 1.2 mg/L。

（2）污染物允许释放浓度

①致癌效应

污染物释从废物中释放后放进入环境（此时浓度称为释放点浓度），经包气带、含水层迁移至暴露点，最终到达受体，此时的浓度为暴露浓度（$\sum C_{致癌}$），因此根据污染物在含水层中的迁移转化模型，可以由计算所得的各致癌物质的暴露浓度和（$\sum C_{致癌}$）反推计算污染物在由包气带进入含水层的浓度 $\sum C_{i致癌}$，计算过程与贮存环节相同。然后根据 $\sum C_{i致癌}$

反推计算释放点处渗滤液中各致癌物的浓度和 $\sum C_{0致癌}$，即为渗滤液浓度（因降雨作用，电镀污泥中的致癌物被淋滤溶出，形成渗滤液，渗滤液中所有致癌物质的浓度总和）。

$$\sum C_{0致癌} = \frac{\phi \sum C_{i致癌}(Z,t)}{E(Z,t)} \tag{4-70}$$

式中，φ 为废矿物油类废物中污染物占整个填埋场污染物的比例，废矿物油类废物进入生活垃圾填埋场，除了废矿物油类废物产生一定的污染物，填埋场中其他废物也能同时产生污染物，即由废矿物油类废物带来的风险与填埋场其他废物产生的风险的和应在可接受范围内。研究以试点城市，废矿物油类废物的年产量与目标填埋场垃圾的年加载量的比值作为废矿物油中污染物占整个填埋场污染物的比例。根据统计结果，φ 取 0.008 06。t 取 24 年，根据模型计算所得敏感点污染物浓度达到峰值的时间。模型计算的其他参数及其取值见贮存环节。经计算得释放点处渗滤液中致癌物的浓度（$\sum C_{0致癌}$）为 2.2×10^{-4} mg/L。

②非致癌效应

同样地，可以计算释放点处渗滤液中非致癌物的浓度（$\sum C_{0非致癌}$）为 0.176 mg/L。

4.4.2.2 豁免标准

渗滤液中各污染物浓度（$C_{0非致癌}$）的计算方法如下：

$$C_0 = \frac{C_T \times m}{L \times 1\,000} \tag{4-71}$$

式中，m 为废物填埋量，kg/a；C_T 为污染物的含量，mg/kg；L 为填埋场年产生的渗滤液的体积，取 44 000 m³/a。其计算式为：

$$L = (P - E)A + \frac{0.2m_{24}}{24} \tag{4-72}$$

式中：P 为填埋场所在地的年均降雨量，取 1.1 m；E 为填埋场所在地的年均蒸发量，0.5 m；A 为填埋场的表面积，40 000 m²（假设目标危险废物进场后沿填埋场表面均匀分布）；m_{24} 为调研的填埋场的总填埋量，240 万 t（该填埋场的使用年限为 24 年）；在实际的场景中，有多种目标污染物，在反推过程中，为了便于计算，可以将所有致癌物和非致癌物的浓度转化为苯和 Cu 的当量浓度。致癌物转化方法如下：

$$C_{T致癌} = C_{T,Pb} \times 10 \times \frac{CSF_{Pb}}{0.029} + C_{T1} \times \frac{CSF_1}{0.029} + C_{T苯} + \cdots + C_{Ti} \times \frac{CSF_i}{0.029} \qquad (4\text{-}73)$$

式中，C_{TPb} 为废物中 Pb 的醋酸浸出毒性，mg/L；系数 10 为单位转换系数；CSF_i 为有机致癌物致癌斜率因子，mg/（kg·d）；C_{Ti} 为废物中各有机致癌物含量（当废矿物油中非致癌有机污染物的含量小于其在水中的溶解度时，浸出液浓度取值为非致癌有机污染物的含量；当大于其在水中的溶解度时，浸出液浓度取值为非致癌有机污染物水中的溶解度），mg/kg；0.029 为苯的 CSF 值。

液态废矿物油中各致癌物的含量统计值见表 4-19。

表 4-19　液态废矿物油中致癌物含量统计

致癌物	Pb	苯	苯并[a]蒽	苯并[a]芘	茚苯[1,2,3-cd]芘	二苯并[a,h]蒽芘
含量（mg/kg）	6.79	910	8.40	20	10	4.2
溶解度/（mg/L）	—	1 800	0.009 4	0.001 6	—	—
CSF	0.008 5	0.029	0.73	7.3	0.73	7.3

将表 4-19 中值代入式（4-73）计算可得 $C_{T致癌}$ 为 934.1 mg/kg。

非致癌物以 Cu 的浸出浓度为基准的转化方法：

$$C_{T非致癌} = 10 \times C_{T,Cu} + 10 \times C_{T1} \times \frac{0.04}{RfD_1} + \cdots + 10 \times C_{Ti} \times \frac{0.04}{RfD_i} + C_{Tj} \times \frac{0.04}{RfD_j} \qquad (4\text{-}74)$$

式中，C_{Ti} 为废矿物油中非致癌重金属的醋酸浸出毒性，mg/L，废矿物油中的重金属醋酸浸出毒性统计值见表 4-17。C_{Tj} 为浸出液中非致癌有机物污染物浓度（当废矿物油中非致癌有机污染物的含量小于其在水中的溶解度时，浸出液浓度取值为非致癌有机污染物的含量；当大于其在水中的溶解度时，浸出液浓度取值为非致癌有机污染物水中的溶解度），mg/L，废矿物油中的有机物含量统计值见表 4-17；系数 10 为单位转换系数。RfD_i 和 RfD_j 分别为各重金属和有机物的参考剂量，mg/（kg·d）；0.04 为 Cu 的参考剂量。表 4-20 重金属醋酸浸出毒性和有机物污染物含量统计（非致癌物质）。

表 4-20　液态废矿物油中非致癌物含量统计

名称	Cu	Zn	Ni	Cr	萘	苊	芴	蒽	芘	甲苯	苯乙烯	二甲苯
醋酸浸出毒性/（mg/L）	8.9	89	8.01	9.54	—	—	—	—	—	—	—	—
含量/（mg/kg）	—	—	—	—	734	66	222	89.1	26	763	2 924	2 347
溶解度/（mg/L）					31	—	0.19	1.29	0.135	526	310	198
RfD 值	0.04	0.3	0.02	0.003	0.02	0.06	0.04	0.30	0.03	0.2	0.2	2

将表 4-20 中的值代入式（4-74），可以计算得出废矿物油中 $C_{T,非致癌}$ 为 2 049.7 mg/kg。

将 $C_{T致癌}$ 和 $C_{T非致癌}$ 值代入式（4-71），计算可得 $m_{致癌}$ 和 $m_{非致癌}$ 分别为 10 kg/a 和 3 765 kg/a。从非致癌物和致癌物对人体健康产生的危害的角度综合考虑，在填埋环节、对生活垃圾填埋场来说，不允许液态废矿物油进入生活垃圾填埋场。

根据对含油废水处理污泥检测的结果，致癌物质只有 Pb 和苯。废物中各致癌物的含量统计值见表 4-21，非致癌物质的含量统计情况见表 4-21。

表 4-21　含油废水处理污泥中致癌物含量统计

致癌物	Pb	苯
醋酸浸出毒性/含量	2.13 mg/L	268 mg/kg
溶解度/（mg/L）	—	1 800
CSF（摄入）	0.008 5	0.029

将表 4-21 中值代入式（4-73），计算可得 $C_{T,致癌}$ 为 301 mg/kg。

表 4-22　含油废水处理污泥中非致癌物含量统计

名称	Cu	Zn	Ni	Cr	萘	芴	蒽	芘
醋酸浸出毒性/（mg/L）	3.1	53	5.29	5.17	—	—	—	—
含量/（mg/kg）	—	—	—	—	280	85	35	2.5
溶解度/（mg/L）	—	—	—	—	31	0.19	1.29	0.135
RfD（摄入）	0.04	0.3	0.02	0.003	0.02	0.04	0.3	0.03

将表 4-22 中的值代入式（4-74），可以计算得出含油废水处理污泥中 $C_{T非致癌}$ 为 1 878 mg/kg。将含油废水处理污泥的 $C_{T致癌}$ 和 $C_{T非致癌}$ 值代入式（4-71），计算可得 $m_{致癌}$ 和 $m_{非致癌}$ 分别为 31 kg/a 和 3 070 kg/a。从非致癌物和致癌物对人体健康产生的危害的角度综合考虑，在填埋环节、对生活垃圾填埋场来说，允许进入的含油废水处理污泥量为仅为 31 kg。

由上述计算结果可知，废矿物油中因含有高浓度的有机污染物（其中有些物质的致癌和非致癌效应较大），所以导致能豁免的填埋量较小，没有实际应用意义，因此应禁止废矿物油进入生活垃圾填埋场。

4.5 废酸废碱

4.5.1 贮存和运输

考虑废酸废碱的强腐蚀性，一旦管理不善，易对人体造成急性伤害，因此对废酸废碱的贮存和运输应严格危险废物进行管理，且应满足消防、危险品管理的要求。

4.5.2 综合利用

对于能满足或经一定预处理后满足利用企业的使用要求的废酸废碱，其综合利用过程应同时满足下列要求：

（1）废酸废碱不含其他有毒有害物质的情况下，经预处理后可以替代原料酸碱进行再利用。

（2）废酸废碱预处理过程中产生的系统安全风险不大，属轻微范畴。

（3）废酸废碱经预处理后再利用的过程及要求与原料酸碱相同，不会增加新的系统安全风险。

（4）利用废酸生产的产品必须满足产品相关的标准，不会通过产品带来新的环境风险。

4.6　典型危险废物豁免标准总结

针对电镀污泥、染料涂料类废物、废矿物油和废酸废碱根据调查获得的场景，按贮存、运输和处置环节确定了其豁免管理的标准及相应的条件，总结见表 4-23。

表 4-23　典型危险废物豁免标准限值汇总表

废物种类		管理环节	豁免条件	豁免量	备注
电镀污泥		贮存	废物必须包装	0.85 t/a	具体的企业名单由区县环保部门定制，遵循量小、废物毒性小优先原则
		填埋处置	垃圾填埋场设计及运行必须符合相应的环保标准	3.0 t/a	
染料涂料类废物	所有染料涂料废物	贮存		0	所有染料涂料不能豁免
	漆渣和废油墨油漆	填埋	进入符合标准的生活垃圾填埋场	（漆渣数量/3 t+废油墨油漆数量/1.0 t）≤1.0	污泥不能豁免
废矿物油	固态	贮存		0	不能豁免
	液态		桶装	500 kg/a	
	所有废矿物油	填埋		0	不能豁免
废酸		贮存		0	不能豁免
		综合利用	废酸碱中不含其他有毒污染物（如重金属）；预处理、产品不增加新的风险	按照综合利用产品的生产能力进行评估	可以豁免

第 5 章　我国危险废物豁免管理的总结与相关建议

5.1 主要结论

（1）我国危险废产生和管理现状及其污染产生关键环节

我国危险废物的产生具有产生量和产生企业数相对集中的特点，即少量行业的少数企业，产生的危险废物占到较大比例，与国外危险废物产生特点类似。其中废酸废碱、染料涂料类废物、电镀污泥、废矿物油是我国产生量较大的废物种类，且产生行业广泛，企业数量较多，具有较好的研究代表性。

贮存环节产生的环境污染及对人体健康的危害应重点关注。现场调研结果显示，由于包装、贮存方式和防渗设施的不妥善，降雨对危险废物的淋滤导致地下水和地表水污染，或由于废物中有机污染物的挥发，通过大气途径对人体健康造成危害；运输环节管理较为规范，环境风险不大；填埋处置也是危险废物环节污染的关键环节（浸出液会对地下水造成污染）；废酸废碱产生企业大部分进行自主处置和综合利用，缺失环保部门的监管，若企业管理不善，容易发生事故。

（2）危险废物人体健康风险评价方法体系构建

根据对试点城市危险废物管理现状实地调研结果，建立了危险废物在不同管理环节的环境风险评价典型场景，其中贮存环节两种场景，包括污染物挥发污染空气和污染物渗滤污染地下水；运输环节一种场景，即运输发生事故污染河流；填埋处置环节一种场景，即危险废物进入填埋场并发生渗滤污染地下水。

暴露评价模型主要以 USEPA 的 3MRA 模型中污染物在地下水、地表水和大气中的迁移扩散模型为基础，结合危险废物实际暴露场景，建立了危险废物中污染物在暴露环境中迁移转化模型，并结合现场调研获得的模型参数，在此基础上建立了危险废物环境风险评价技术体系。

（3）危险废物豁免管理关键控制环节

典型危险废物在各管理环节的人体健康风险进行评价结果显示：

1）贮存环节是电镀污泥、染料涂料类废物和废矿物油类废物产生环境风险的关键环节，应成为环境管理中的重点，填埋环节产生的风险次之，运输环节最小。

2）产生量对危险废物在各环节的风险有直接影响，对同一种危险废物，产生量小，其对环境的风险也较小，因此可以考虑对产生量较小的危险废物进行豁免。

3）同一管理环节中，不同途径产生的风险也有差别，固态染料涂料类废物和含油废水处理污泥通过地下水途径产生的风险大于空气途径。

4）不含其他有毒有害物质的特定行业的废酸可以作为再利用企业的替代酸，其预处理过程产生的系统安全风险较小，生产过程与利用原料酸碱产生的系统安全风险差别较小，且不会通过产品带来新的风险。

（4）典型危险废物管理豁免限值

以危险废物贮存量和填埋量为指标，建立了典型危险废物豁免管理限值：

1）电镀污泥贮存环节的年豁免量为 0.85 t，填埋场允许进入的量为 3.0 t/a。

2）染料涂料类废物，贮存环节不能豁免；填埋处置环节，漆渣和废油墨油漆的允许进入生活垃圾填埋场的量应满足（漆渣数量/3 t+废油墨油漆数量/1.0 t）≤1.0，而其他染料涂料废物不能进入生活垃圾填埋场处置。

3）含油废水处理污泥类废物贮存环节不能豁免，液态废矿物油的豁免量为 480 kg/a；所有废矿物油类废物均不允许进入生活垃圾填埋场处置。

4）废酸废碱贮存和运输应严格危险废物进行管理；对于能满足或经一定预处理后满足利用企业的使用要求的废酸废碱，不含其他有毒有害物质，预处理过程中产生的系统安全风险不大，不会增加新的系统安全风险和废酸碱综合利用产品不会带来新的环境风险则可以豁免。

5.2　局限与展望

（1）环境风险评价技术有待进一步深入研究

危险废物豁免管理的依据是风险评价，因此提高风险评价的技术水平，保证风险评价结果的科学性和可靠性，是确保危险废物豁免管理更具科学性的前提。但在项目研究中发现，我国在环境信息数据的收集、归纳上存在着不足，这在很大程度上影响了风险评价的准确性和精确性。因此，应加快我国环境基础数据库建设，为危险废物的环境风险评价提供必要的基础数据。

（2）研究的废物种类和区域有待拓展

由于研究时间和经费的限制，本项目重点研究了试点城市电镀污泥、染料涂料废物、废矿物油和废酸废碱这四类废物的污染特性、管理现状，并对此展开了风险评价，在此基础上提出了相应的豁免限值。但由于不同类别的危险废物的污染特性及管理方式差异性很大，而且不同区域的环境参数也有差别，这些差别最终会对风险评价的结果造成较大的差异，因此，研究中提出的豁免标准对其他危险废物或是其他地区的适用性有待进一步研究。

（3）豁免管理申报过程需进一步简化

由于目前只获得了试点城市 4 类典型废物的豁免量限值，其他城市和其他危险废物的豁免只提出了技术方法和程序，仍需要开展环境风险评价，这就要求企业开展风险评价的研究，这为危险废物豁免管理的应用带来一定难度。

后续研究中可通过对风险评价参数的敏感性分析，简化风险评价过程，甚至将评价参数与评价结果的关系简单地定量化，这样在申报豁免管理过程中，企业只需提供直接可以获取的数据即可，而无须开展风险评价，简化危险废物豁免管理申报与审核的程序和降低技术难度。

（4）需建立分级的豁免标准

研究中暴露场景是根据现场调研的结果，按风险最大化即管理最差的场景建立的单一场景，因此提出的豁免标准相对较严格。解决存在的这种不足，可以通过对暴露场景进行分级，即建立多种暴露场景，然后针对不同的场景提出相应的豁免标准。

（5）危险废物豁免管理保障机制建立

危险废物豁免管理在国外虽已有一定的发展，但在我国危险废物管理体系和管理理念中仍是新鲜事物。根据项目研究结果建立的危险废物豁免管理体系也仍处于初级阶段，为推进豁免管理在我国危险废物管理中应用，除了需要不断完善危险废物豁免管理技术体系，同时也应该建立相应的保障机制。危险废物豁免管理保障机制的建立，应包括建立健全我国相应的法律和政策，充分运用经济杆杠，以及加强宣传教育等方面。